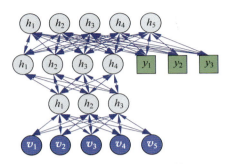

图 2-3 深度信念网络架构

深度信念网络中,每两层组成一个限制玻耳兹曼机。图中蓝色部分是网络的输入部分(训练时对应训练集中的样本数据),绿色部分为网络的输出部分(训练时与相应样本对应的训练标签做比较)

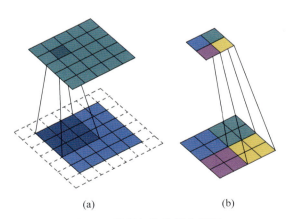

(a)   (b)

图 2-4 卷积与池化操作示意

感谢毛闻志博士提供此图。(a)为卷积操作,(b)为池化操作。下部为操作的原始输入,其中卷积的补零操作用虚线标出,上部为操作的输出

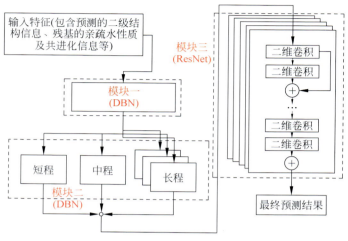

图 3-1　整体网络架构

DeepConPred2 的整体网络架构分为 3 个模块,不同的模块使用黑色虚线框及红色字体标出。图中清楚地展现了不同模块的组成内容,其中,某一模块的主要网络架构选择也在相应位置标出

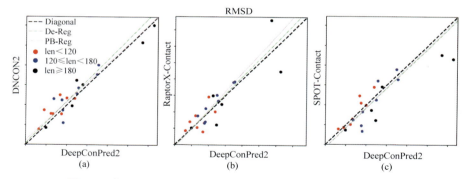

图 3-4　在 CASP12FM 蛋白质上 CONFOLD 折叠结果的成对比较

从(a)至(c)为 RMSD 的两两成对比较,从(d)至(f)为 TM-Score 的两两成对比较,从(g)至(i)为 GDT-TS 的两两成对比较。横纵坐标分别表示 DeepConPred2 与其他三种蛋白质残基接触预测程序。图中,黑色的虚线表示对角线,绿色表示 Deming 回归线,紫色表示 Passing-Bablock 回归线。每一个蛋白质用一个点表示,其中红色表示短蛋白,蓝色表示中等长度的蛋白,黑色表示长蛋白质

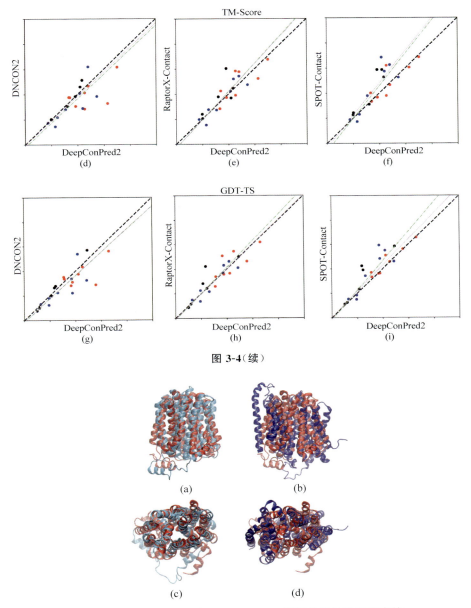

图 3-4（续）

图 3-6　DeepConPred2 和 SPOT-Contact 预测结果的差异带来的结构建模上的差异

以 CASP 12 中的蛋白质 T0911-D1 为例，比较经过 CONFOLD 折叠之后的蛋白质三维结构的差异。红色是真实的蛋白质结构，蓝色是从 SPOT-Contact 的预测结果出发得到的结构，青色是从 DeepConPred2 得到的相应结构。(a)和(b)是从正面看，而(c)和(d)是从顶部看

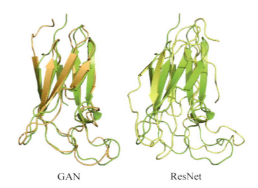

GAN　　　　　　　ResNet

图 4-4　2I18 的折叠结果对比

根据 GAN 系统预测结果折叠的结构为橙色,列于左侧,根据 ResNet 的折叠结果为黄色,列于右侧,通过实验解析得到的晶体结构为绿色

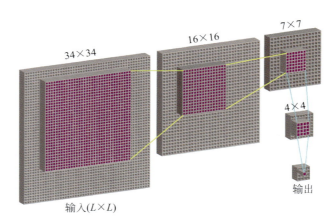

图 4-5　块分类器示意

随着信息在卷积层上的流动,用紫色和凸出显示的块感受野的大小随着相应用灰色背景表示的特征图的大小而发生相应的变化。黄色线和蓝色线分别表示卷积步幅为 2 和 1。每个特征图的顶端都列出了相关块感受野的大小

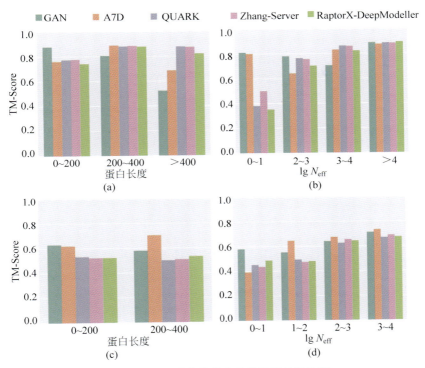

图 4-8 和领域内其他方法的预测效果比较

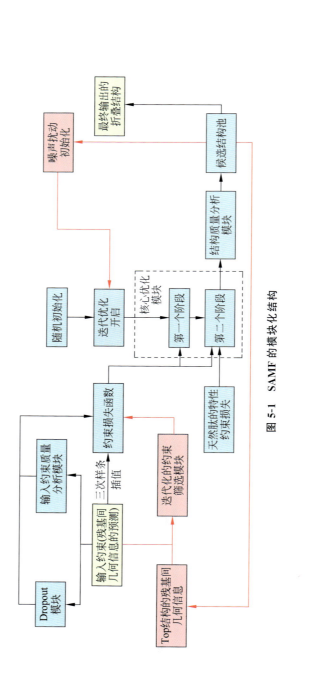

图 5-1 SAMF 的模块化结构

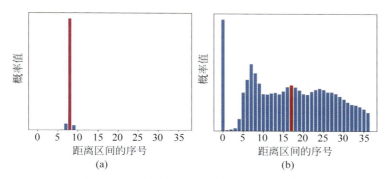

图 5-2 蛋白质残基间距离预测的两个例子

(a)是一个精确预测的距离概率分布,可以看到其具有非常尖锐的峰值;(b)是一个不精确预测的距离概率分布,整个分布的形状非常平坦

图中真实距离所在的区间以红色标出

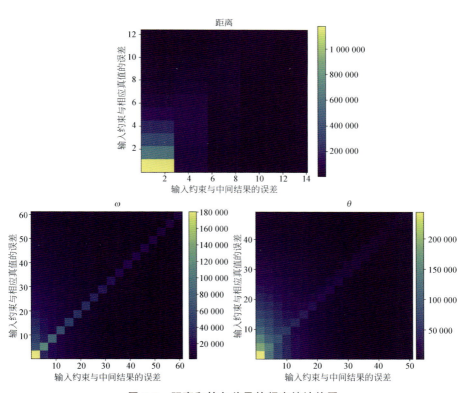

图 5-3 距离和转角差异的频率统计热图

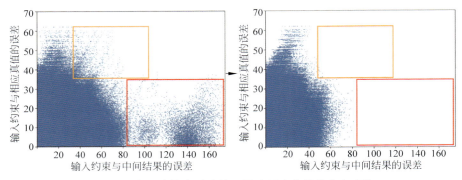

图 5-5 自适应约束过滤掩码导致距离差异的分布变化

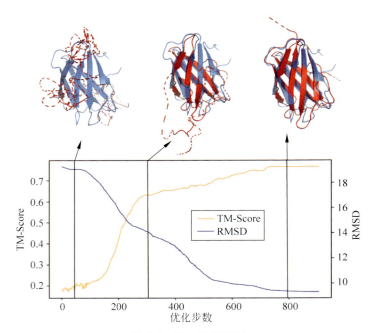

图 5-6 第一阶段示例

SAMF 的核心折叠模块由两个阶段组成,第一阶段使目标蛋白质结构迅速收敛到约束条件附近,其使用了 early-stopping 的机制,导致这个例子在大约 900 个优化步之后就停止。选取了三个典型的结构快照,其中蓝色表示真实的蛋白质晶体结构,红色表示第一阶段优化过程中的中间结构

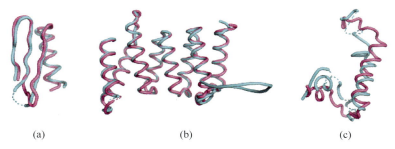

图 5-7 第二阶段的修正作用

图中,蓝色的结构是通过第一阶段优化生成的,而紫色的结构是通过第二阶段优化微调得到的相应结构。在图(a)中,第二阶段的微调成功地将断裂的链(蓝色的虚线)进行修复;在图(b)中,第二阶段的微调虽然没有将断链修复,但是成功地将不合理的二级结构(最右下角甩出来的蓝色部分)进行了修复;而在图(c)中,第二阶段的微调则将整体结构修复(断链和不合理的二级结构)

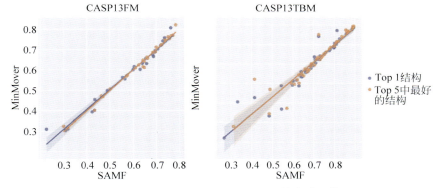

图 5-10 SAMF 和 MinMover 之间的成对比较

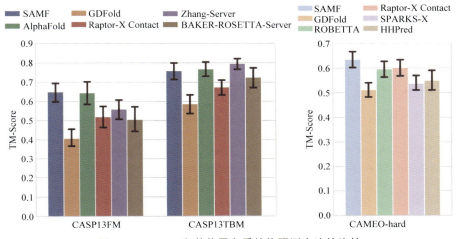

图 5-11 SAMF 和其他蛋白质结构预测方法的比较

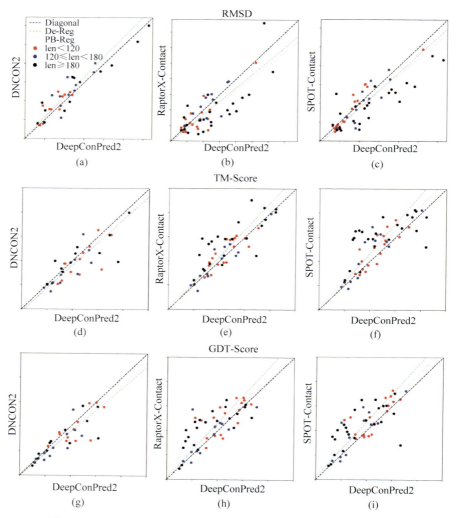

图 B-1　在所有 CASP12 蛋白质上 CONFOLD 折叠结果的成对比较

(a)~(c) 为 RMSD 的两两成对比较；(d)~(f) 为 TM-Score 的两两成对比较；(g)~(i) 为 GDT-Score 的两两成对比较。横纵坐标分别表示 DeepConPred2 与其他三种蛋白质残基接触预测程序。图中，黑色的虚线表示对角线，绿色表示 Deming 回归线，紫色表示 Passing-Bablock 回归线。每一个蛋白质用一个点表示，其中红色表示短蛋白，蓝色表示中等长度的蛋白，黑色表示长蛋白

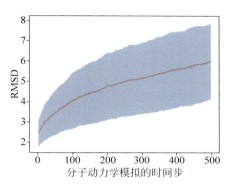

图 B-3 MD 模拟中的结构振荡

图中,橙色线代表训练集中所有蛋白质在模拟时间步长上的平均 RMSD 变化;蓝色阴影则表示每个时间步对应的 errorbar

清华大学优秀博士学位论文丛书

深度学习方法在蛋白质结构预测领域的应用

丁文泽（Ding Wenze）著

Protein Structure Prediction via Deep Learning

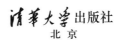

内 容 简 介

本书首先应用深度信念网络与残差网络预测了蛋白质的残基接触,然后使用生成对抗网络探索了蛋白质残基间距离的实值预测,最后,设计并实现了一个几乎完全基于深度学习的蛋白质结构模型搭建框架,对蛋白质结构的预测、建模及其他相关探索具有较为重要的理论和实践意义。

本书可供结构生物信息学、蛋白质结构预测及蛋白质设计等领域的高校师生和科研院所研究人员及相关技术人员阅读参考。

版权所有,侵权必究。举报: 010-62782989, beiqinquan@tup.tsinghua.edu.cn。

图书在版编目(CIP)数据

深度学习方法在蛋白质结构预测领域的应用 / 丁文泽著. -- 北京: 清华大学出版社, 2025.4. --(清华大学优秀博士学位论文丛书). -- ISBN 978-7-302-68835-8

Ⅰ. Q51-39

中国国家版本馆 CIP 数据核字第 2025NA9524 号

责任编辑: 孙亚楠
封面设计: 傅瑞学
责任校对: 薄军霞
责任印制: 刘海龙

出版发行: 清华大学出版社
　　网　　址: https://www.tup.com.cn, https://www.wqxuetang.com
　　地　　址: 北京清华大学学研大厦A座　　　邮　编: 100084
　　社 总 机: 010-83470000　　　　　　　　　邮　购: 010-62786544
　　投稿与读者服务: 010-62776969, c-service@tup.tsinghua.edu.cn
　　质量反馈: 010-62772015, zhiliang@tup.tsinghua.edu.cn
印 装 者: 三河市东方印刷有限公司
经　　销: 全国新华书店
开　　本: 155mm×235mm　　印　张: 9.5　　插　页: 6　　字　数: 173 千字
版　　次: 2025 年 5 月第 1 版　　　　　　　　印　次: 2025 年 5 月第 1 次印刷
定　　价: 99.00 元

产品编号: 096636-01

一流博士生教育
体现一流大学人才培养的高度(代丛书序)①

人才培养是大学的根本任务。只有培养出一流人才的高校,才能够成为世界一流大学。本科教育是培养一流人才最重要的基础,是一流大学的底色,体现了学校的传统和特色。博士生教育是学历教育的最高层次,体现出一所大学人才培养的高度,代表着一个国家的人才培养水平。清华大学正在全面推进综合改革,深化教育教学改革,探索建立完善的博士生选拔培养机制,不断提升博士生培养质量。

学术精神的培养是博士生教育的根本

学术精神是大学精神的重要组成部分,是学者与学术群体在学术活动中坚守的价值准则。大学对学术精神的追求,反映了一所大学对学术的重视、对真理的热爱和对功利性目标的摒弃。博士生教育要培养有志于追求学术的人,其根本在于学术精神的培养。

无论古今中外,博士这一称号都和学问、学术紧密联系在一起,和知识探索密切相关。我国的博士一词起源于2000多年前的战国时期,是一种学官名。博士任职者负责保管文献档案、编撰著述,须知识渊博并负有传授学问的职责。东汉学者应劭在《汉官仪》中写道:"博者,通博古今;士者,辩于然否。"后来,人们逐渐把精通某种职业的专门人才称为博士。博士作为一种学位,最早产生于12世纪,最初它是加入教师行会的一种资格证书。19世纪初,德国柏林大学成立,其哲学院取代了以往神学院在大学中的地位,在大学发展的历史上首次产生了由哲学院授予的哲学博士学位,并赋予了哲学博士深层次的教育内涵,即推崇学术自由、创造新知识。哲学博士的设立标志着现代博士生教育的开端,博士则被定义为独立从事学术研究、具备创造新知识能力的人,是学术精神的传承者和光大者。

---

① 本文首发于《光明日报》,2017年12月5日。

博士生学习期间是培养学术精神最重要的阶段。博士生需要接受严谨的学术训练,开展深入的学术研究,并通过发表学术论文、参与学术活动及博士论文答辩等环节,证明自身的学术能力。更重要的是,博士生要培养学术志趣,把对学术的热爱融入生命之中,把捍卫真理作为毕生的追求。博士生更要学会如何面对干扰和诱惑,远离功利,保持安静、从容的心态。学术精神,特别是其中所蕴含的科学理性精神、学术奉献精神,不仅对博士生未来的学术事业至关重要,对博士生一生的发展都大有裨益。

独创性和批判性思维是博士生最重要的素质

博士生需要具备很多素质,包括逻辑推理、言语表达、沟通协作等,但是最重要的素质是独创性和批判性思维。

学术重视传承,但更看重突破和创新。博士生作为学术事业的后备力量,要立志于追求独创性。独创意味着独立和创造,没有独立精神,往往很难产生创造性的成果。1929年6月3日,在清华大学国学院导师王国维逝世二周年之际,国学院师生为纪念这位杰出的学者,募款修造"海宁王静安先生纪念碑",同为国学院导师的陈寅恪先生撰写了碑铭,其中写道:"先生之著述,或有时而不章;先生之学说,或有时而可商;惟此独立之精神,自由之思想,历千万祀,与天壤而同久,共三光而永光。"这是对于一位学者的极高评价。中国著名的史学家、文学家司马迁所讲的"究天人之际,通古今之变,成一家之言"也是强调要在古今贯通中形成自己独立的见解,并努力达到新的高度。博士生应该以"独立之精神、自由之思想"来要求自己,不断创造新的学术成果。

诺贝尔物理学奖获得者杨振宁先生曾在20世纪80年代初对到访纽约州立大学石溪分校的90多名中国学生、学者提出:"独创性是科学工作者最重要的素质。"杨先生主张做研究的人一定要有独创的精神、独到的见解和独立研究的能力。在科技如此发达的今天,学术上的独创性变得越来越难,也愈加珍贵和重要。博士生要树立敢为天下先的志向,在独创性上下功夫,勇于挑战最前沿的科学问题。

批判性思维是一种遵循逻辑规则、不断质疑和反省的思维方式,具有批判性思维的人勇于挑战自己,敢于挑战权威。批判性思维的缺乏往往被认为是中国学生特有的弱项,也是我们在博士生培养方面存在的一个普遍问题。2001年,美国卡内基基金会开展了一项"卡内基博士生教育创新计划",针对博士生教育进行调研,并发布了研究报告。该报告指出:在美国和欧洲,培养学生保持批判而质疑的眼光看待自己、同行和导师的观点同样非常不容易,批判性思维的培养必须成为博士生培养项目的组成部分。

对于博士生而言,批判性思维的养成要从如何面对权威开始。为了鼓励学生质疑学术权威、挑战现有学术范式,培养学生的挑战精神和创新能力,清华大学在2013年发起"巅峰对话",由学生自主邀请各学科领域具有国际影响力的学术大师与清华学生同台对话。该活动迄今已经举办了21期,先后邀请17位诺贝尔奖、3位图灵奖、1位菲尔兹奖获得者参与对话。诺贝尔化学奖得主巴里·夏普莱斯(Barry Sharpless)在2013年11月来清华参加"巅峰对话"时,对于清华学生的质疑精神印象深刻。他在接受媒体采访时谈道:"清华的学生无所畏惧,请原谅我的措辞,但他们真的很有胆量。"这是我听到的对清华学生的最高评价,博士生就应该具备这样的勇气和能力。培养批判性思维更难的一层是要有勇气不断否定自己,有一种不断超越自己的精神。爱因斯坦说:"在真理的认识方面,任何以权威自居的人,必将在上帝的嬉笑中垮台。"这句名言应该成为每一位从事学术研究的博士生的箴言。

提高博士生培养质量有赖于构建全方位的博士生教育体系

一流的博士生教育要有一流的教育理念,需要构建全方位的教育体系,把教育理念落实到博士生培养的各个环节中。

在博士生选拔方面,不能简单按考分录取,而是要侧重评价学术志趣和创新潜力。知识结构固然重要,但学术志趣和创新潜力更关键,考分不能完全反映学生的学术潜质。清华大学在经过多年试点探索的基础上,于2016年开始全面实行博士生招生"申请-审核"制,从原来的按照考试分数招收博士生,转变为按科研创新能力、专业学术潜质招收,并给予院系、学科、导师更大的自主权。《清华大学"申请-审核"制实施办法》明晰了导师和院系在考核、遴选和推荐上的权力和职责,同时确定了规范的流程及监管要求。

在博士生指导教师资格确认方面,不能论资排辈,要更看重教师的学术活力及研究工作的前沿性。博士生教育质量的提升关键在于教师,要让更多、更优秀的教师参与到博士生教育中来。清华大学从2009年开始探索将博士生导师评定权下放到各学位评定分委员会,允许评聘一部分优秀副教授担任博士生导师。近年来,学校在推进教师人事制度改革过程中,明确教研系列助理教授可以独立指导博士生,让富有创造活力的青年教师指导优秀的青年学生,师生相互促进、共同成长。

在促进博士生交流方面，要努力突破学科领域的界限，注重搭建跨学科的平台。跨学科交流是激发博士生学术创造力的重要途径，博士生要努力提升在交叉学科领域开展科研工作的能力。清华大学于2014年创办了"微沙龙"平台，同学们可以通过微信平台随时发布学术话题，寻觅学术伙伴。3年来，博士生参与和发起"微沙龙"12 000多场，参与博士生达38 000多人次。"微沙龙"促进了不同学科学生之间的思想碰撞，激发了同学们的学术志趣。清华于2002年创办了博士生论坛，论坛由同学自己组织，师生共同参与。博士生论坛持续举办了500期，开展了18 000多场学术报告，切实起到了师生互动、教学相长、学科交融、促进交流的作用。学校积极资助博士生到世界一流大学开展交流与合作研究，超过60%的博士生有海外访学经历。清华于2011年设立了发展中国家博士生项目，鼓励学生到发展中国家亲身体验和调研，在全球化背景下研究发展中国家的各类问题。

在博士学位评定方面，权力要进一步下放，学术判断应该由各领域的学者来负责。院系二级学术单位应该在评定博士论文水平上拥有更多的权力，也应担负更多的责任。清华大学从2015年开始把学位论文的评审职责授权给各学位评定分委员会，学位论文质量和学位评审过程主要由各学位分委员会进行把关，校学位委员会负责学位管理整体工作，负责制度建设和争议事项处理。

全面提高人才培养能力是建设世界一流大学的核心。博士生培养质量的提升是大学办学质量提升的重要标志。我们要高度重视、充分发挥博士生教育的战略性、引领性作用，面向世界、勇于进取，树立自信、保持特色，不断推动一流大学的人才培养迈向新的高度。

邱勇

清华大学校长

2017年12月

丛书序二

以学术型人才培养为主的博士生教育,肩负着培养具有国际竞争力的高层次学术创新人才的重任,是国家发展战略的重要组成部分,是清华大学人才培养的重中之重。

作为首批设立研究生院的高校,清华大学自20世纪80年代初开始,立足国家和社会需要,结合校内实际情况,不断推动博士生教育改革。为了提供适宜博士生成长的学术环境,我校一方面不断地营造浓厚的学术氛围,一方面大力推动培养模式创新探索。我校从多年前就已开始运行一系列博士生培养专项基金和特色项目,激励博士生潜心学术、锐意创新,拓宽博士生的国际视野,倡导跨学科研究与交流,不断提升博士生培养质量。

博士生是最具创造力的学术研究新生力量,思维活跃,求真求实。他们在导师的指导下进入本领域研究前沿,吸取本领域最新的研究成果,拓宽人类的认知边界,不断取得创新性成果。这套优秀博士学位论文丛书,不仅是我校博士生研究工作前沿成果的体现,也是我校博士生学术精神传承和光大的体现。

这套丛书的每一篇论文均来自学校新近每年评选的校级优秀博士学位论文。为了鼓励创新,激励优秀的博士生脱颖而出,同时激励导师悉心指导,我校评选校级优秀博士学位论文已有20多年。评选出的优秀博士学位论文代表了我校各学科最优秀的博士学位论文的水平。为了传播优秀的博士学位论文成果,更好地推动学术交流与学科建设,促进博士生未来发展和成长,清华大学研究生院与清华大学出版社合作出版这些优秀的博士学位论文。

感谢清华大学出版社,悉心地为每位作者提供专业、细致的写作和出版指导,使这些博士论文以专著方式呈现在读者面前,促进了这些最新的优秀研究成果的快速广泛传播。相信本套丛书的出版可以为国内外各相关领域或交叉领域的在读研究生和科研人员提供有益的参考,为相关学科领域的发展和优秀科研成果的转化起到积极的推动作用。

感谢丛书作者的导师们。这些优秀的博士学位论文，从选题、研究到成文，离不开导师的精心指导。我校优秀的师生导学传统，成就了一项项优秀的研究成果，成就了一大批青年学者，也成就了清华的学术研究。感谢导师们为每篇论文精心撰写序言，帮助读者更好地理解论文。

感谢丛书的作者们。他们优秀的学术成果，连同鲜活的思想、创新的精神、严谨的学风，都为致力于学术研究的后来者树立了榜样。他们本着精益求精的精神，对论文进行了细致的修改完善，使之在具备科学性、前沿性的同时，更具系统性和可读性。

这套丛书涵盖清华众多学科，从论文的选题能够感受到作者们积极参与国家重大战略、社会发展问题、新兴产业创新等的研究热情，能够感受到作者们的国际视野和人文情怀。相信这些年轻作者们勇于承担学术创新重任的社会责任感能够感染和带动越来越多的博士生，将论文书写在祖国的大地上。

祝愿丛书的作者们、读者们和所有从事学术研究的同行们在未来的道路上坚持梦想，百折不挠！在服务国家、奉献社会和造福人类的事业中不断创新，做新时代的引领者。

相信每一位读者在阅读这一本本学术著作的时候，在吸取学术创新成果、享受学术之美的同时，能够将其中所蕴含的科学理性精神和学术奉献精神传播和发扬出去。

清华大学研究生院院长
2018 年 1 月 5 日

导师序言

本书所展示的研究工作系统、细致、深入，相关结果具有较大创造性及潜在的理论意义和应用前景。

具体来说，本书主要分为三个部分。

第一部分是对蛋白质残基间接触预测方面的探究。在这一部分中，作者应用深度信念网络与残差网络，提出了分级的、模块化的网络架构，同时革新训练手段，开发了预测方法 DeepConPred2。在严密客观的测试中，该方法的预测表现在当时（2018 年 9 月）处于世界领先水平。

在第二部分与蛋白质残基间距离预测相关的研究中，作者提出了与主流方法不同的预测思路。具体来说，主流方法将残基距离离散化后预测相关的概率分布，而作者采用生成式对抗网络对实值距离直接进行回归预测。此外，这部分研究的创新性还包括引入基于分子动力学模拟的数据增广方法，设计了正实数到[$-1,1$]区间之间的可逆映射函数，分析总结了这一领域不同技术选择带来的不同效果等。

第三部分则是作者在前两部分基础上对蛋白质结构模型的搭建做出的探索。这部分工作以梯度下降为基本原理，引入了许多在此领域中从未出现的新算法，创造性地设计并实现了一个基于深度学习的模块化的蛋白质结构模型预测框架。经测试，相关框架和传统的成熟方法表现相当，甚至在某些情况下性能更好。

此外，在本书中，作者还介绍了其所参与的其他相关工作。

总的来说，本书所展示的研究工作，其内容层层深入，系统性和创新性很高，体现了其较为深入的思考与探索，相关学术成果严谨扎实。

龚海鹏副教授

清华大学生命科学学院

摘 要

蛋白质结构的获取是生命科学前沿探索中非常重要的一环。近年来，传统的实验手段在解析蛋白质结构方面取得了重大进展，引领了相关领域的学术研究。然而，实验解析手段却天然存在着耗时耗力、资金设备投入巨大、无法高通量实施等缺点。因此，通过计算手段，结合大规模的已有蛋白质结构数据，对未知蛋白质结构进行预测变得越来越重要。

在所有的蛋白质结构预测方法中，从序列入手的蛋白质结构从头预测因其应用的广泛性和重要的理论价值而最受关注。其中，随着共进化信息与深度学习技术的应用，蛋白质残基接触预测的准确性大大提高，进而通过残基接触辅助蛋白质折叠将蛋白质结构从头预测带到了一个新的高度。之后，残基接触预测发展为带有更多详细信息的残基间距离预测，同时结合一些残基间转角的预测，通过梯度下降算法为主的蛋白质折叠方法，将蛋白质结构预测的精度进一步地提高。

在本书的研究中，首先对蛋白质残基接触预测进行了算法探究，通过层级化的网络架构将深度信念网络与深度残差网络相结合，利用简单的从序列信息中提取到的特征，训练了 DeepConPred2 算法，选择预测打分最高的 $L/5$ 个远程残基对进行评估，发现 DeepConPred2 算法在 CASP12 测试集上的预测精度达到 69.6%。此外，DeepConPred2 算法还可以为当时主流的其他预测程序提供互补信息。然后，本团队将研究方向转向了蛋白质残基间距离的预测，与当时主流方法通过多分类器将残基间距离进行离散化的预测不同，使用生成对抗网络试图直接回归地预测残基间的实值距离。同时，本研究还引入了诸多新的思考，如设计巧妙的映射函数、使用自注意力模块调整输入特征的相对重要性等。最后，本研究设计了一款基于深度学习的蛋白质折叠框架，该框架可以根据输入的蛋白质残基间几何信息的预测结果，梯度下降地直接优化目标蛋白的原子坐标。在这个框架中，本研究加入了大量的模块以平衡输入信息中的预测冗余、消除预测冲突。测试显示，此框架的折叠性能近似甚至超越了传统方法。此外，模块化的抽象与实现手段也使此折叠框架对使用者更加友好，方便个性化的定制。

关键词：深度学习；蛋白质结构预测

Abstract

Protein structures are important in the research of life science. Traditional experimental methods have made significant progresses in protein structure analysis recently. However, these methods naturally have shortcomings like beingtime and labor consuming, needing huge investment, having no high-throughput implementation and so on. Therefore, protein structure prediction via computational methods and big data becomes more and more popular.

Because of its wide application and important theoretical value, *ab initio* protein structure prediction using sequential information attracted the most attention. Among these methods, the accuracy of protein contact prediction has been greatly improved by the successful application of co-evolution information and deep learning techniques, and thus it brought structure prediction to a new level. After that, contact prediction gradually developed into inter-residue distance prediction, sometimes combined with torsion angle prediction. Through gradient descent algorithm based protein folding methods, these predictors further improved the accuracy of protein structure prediction.

In this book, we first explored protein contact prediction. Through the hierarchical network architecture, we combined deep belief networks and deep residual networks to train our contact predictor called DeepComPred2, using the simple features extracted from the sequential information. The precision of DeepConPred2 on top $L/5$ long range contacts reached 69.60%. More importantly, DeepConPred2 could provide complementary information for other mainstream contact predictors at that time. After that, our research interest turned to protein inter-residual distance prediction. Different from the mainstream methods which used multiple classifiers, we tried to regressively predict the real-value distance directly by using generative adversarial networks. At the same time, we also adopted many new ideas like designing practical mapping function, using self-attention module to adjust the relative importance of input features and so on. At last, we designed a protein folding framework based on deep learning techniques. With predicted protein inter-residue geometric information as input constraints, this framework could directly optimize the atomic coordinates of the target protein by gradient descent algorithm. In this framework, we added many modules to balance the redundancies of the input predicted information and eliminate the conflicts. Tests showed that the folding performance of our framework was similar to or even better than that of the traditional methods. In addition, modular implementation also made our folding framework more user-friendly and convenient for customization.

Key words: deep learning; protein structure prediction

符号和缩略语说明

PDB	蛋白质结构数据库(protein data bank)
MSA	多序列比对(multiple sequence alignment)
ResNet	残差网络(residual network)
BN	批量标准化(batch normalization)
DBN	深度信念网络(deep belief network)
RBM	受限制玻耳兹曼机(restricted Bolzmann machine)
GAN	生成式对抗网络(generative adversarial network)
CNN	卷积神经网络(convolutional neural network)
FCN	全连接网络(fully connected network)
BP	反向传播(back propagation)

目　录

第1章　引言 ·· 1
　1.1　蛋白质结构预测概述 ·· 1
　　　1.1.1　背景与意义 ·· 1
　　　1.1.2　需要使用已有结构信息的预测方法 ······································ 4
　　　1.1.3　完全基于序列信息的预测方法 ··· 8
　1.2　本书的组织结构 ··· 12

第2章　方法与技术 ·· 13
　2.1　深度神经网络 ··· 13
　　　2.1.1　深度信念网络 ·· 14
　　　2.1.2　卷积神经网络 ·· 16
　　　2.1.3　残差神经网络 ·· 18
　2.2　生成式对抗网络 ··· 19
　　　2.2.1　基本框架和工作原理 ··· 19
　　　2.2.2　损失函数 ··· 20
　2.3　蛋白质的原子坐标优化与其残基间约束 ······································ 22
　　　2.3.1　残基间约束 ·· 22
　　　2.3.2　原子坐标优化 ·· 24
　2.4　其他 ·· 25
　　　2.4.1　集成学习 ··· 25
　　　2.4.2　注意力机制 ·· 26
　　　2.4.3　分子动力学模拟 ·· 27
　　　2.4.4　排序学习 ··· 27

第3章　多层级架构的深度神经网络对蛋白质残基接触的预测 ············ 29
　3.1　引言 ·· 29

3.2 数据集、网络模型与训练方法 30
3.2.1 数据集的处理 30
3.2.2 网络架构概述 31
3.2.3 模块一 32
3.2.4 模块二 33
3.2.5 模块三 34
3.3 结果与讨论 34
3.3.1 平均系综对网络性能的提升 35
3.3.2 与旧版的性能对比 36
3.3.3 与当时该领域内其他前沿算法的性能对比 40
3.3.4 残基接触辅助蛋白质折叠的评估 42
3.4 小结 46

第 4 章 生成式对抗网络对蛋白质残基间实值距离的预测 48
4.1 引言 48
4.2 数据集与特征生成 51
4.2.1 蛋白质数据集 51
4.2.2 本研究需用到的输入特征 51
4.3 结果与讨论 52
4.3.1 预实验 52
4.3.2 调整判别器的网络架构 57
4.3.3 优化生成器 60
4.3.4 数据增广 64
4.3.5 模型的训练与评估 65
4.3.6 其他讨论 70
4.4 小结 73

第 5 章 基于深度学习的蛋白质折叠框架 76
5.1 引言 76
5.2 数据集与相关评价指标 78
5.2.1 数据集 78
5.2.2 评价指标 79

    5.3 结果与讨论 ·· 80
        5.3.1 框架简介 ··· 80
        5.3.2 对输入约束的处理 ·· 82
        5.3.3 核心优化模块 ··· 88
        5.3.4 折叠质量分析模块 ·· 91
        5.3.5 迭代间的重启模块 ·· 95
        5.3.6 折叠性能的评估 ··· 96
    5.4 小结 ·· 98

第 6 章 总结与展望 ··· 100
    6.1 研究内容总结 ·· 100
    6.2 未来工作展望 ·· 101
        6.2.1 对抗式生成网络的优化与应用 ··································· 103
        6.2.2 蛋白质折叠框架的调优与适配 ··································· 104
        6.2.3 基于距离的端到端训练 ·· 105
        6.2.4 不依赖多序列比对的结构预测 ··································· 105
        6.2.5 对蛋白质折叠机制方面的探索 ··································· 106
        6.2.6 蛋白质设计的尝试 ··· 107

第 7 章 其他工作 ·· 108
    7.1 使用混合专家模型的残基接触预测 ·· 108
    7.2 对现有模型的初步扩增 ·· 109

参考文献 ··· 110

附录 ·· 120
    附录 A 书中需要用到的补充数据 ··· 120
    附录 B 书中需要用到的补充图片 ··· 125

致谢 ·· 128

第1章 引　　言

本章主要介绍本书的选题背景与意义,对领域内相关文献做出综述,同时简要说明本书的结构安排。

1.1 蛋白质结构预测概述

1.1.1 背景与意义

蛋白质是一类有机大分子,是组成生命体细胞、组织、器官等的最重要的成分之一,是生命活动的主要承担者,各种形式的生命活动几乎都有蛋白质的参与。因此,在当今生命科学研究的方方面面,蛋白质都占据极为重要的地位。

蛋白质构成的基本单元是氨基酸,氨基酸含有碱性的氨基、酸性的羧基及一个决定其种类的特异性侧链基团。多个氨基酸通过脱水缩合反应,彼此首尾相连组成一条肽链。之后,一条或者一条以上的肽链在空间中盘曲折叠,形成特定的空间结构,这便是蛋白质。目前,自然界中的氨基酸只有二十二种。根据它们的化学成分,蛋白质一定含有碳、氮、氧、氢元素,有些也含有硫、磷等元素。根据中心法则,蛋白质是生命信息流末端的最重要产物,其氨基酸排布序列对应着相应的基因编码。值得注意的是,蛋白质存在翻译后修饰过程,即其中一些氨基酸会发生受遗传信息调控的化学结构变化。

在漫长的生物化学探索中,人们逐渐意识到,蛋白质功能的行使往往需要特定的三维空间结构,即蛋白质的结构决定其功能,并由此拉开了结构生物学研究的大幕。通常来说,蛋白质的结构分四级。其中,一级结构指其氨基酸序列。二级结构则是对蛋白质上一个片段的主链原子的局部空间排列方式的描述(不考虑侧链原子的位置及此片段与其他片段的空间关系),包括螺旋、片层及无规则卷曲等。蛋白质骨架的二级结构组成往往不是随机的,而是对特定结构及其功能存在高度特异性。三级结构指蛋白质中所有原子的整体三维排列,二级结构之间通过几种弱相互作用(有时也会存在如二硫键之类的共价键等)保持其在三级结构中的位置。四级结构则存在于含有两个或两个以上独立亚基的蛋白质中,这些亚基在蛋白复合体中的排列即为该蛋白质的四级结构。

获取蛋白质结构是诸多生物学研究的第一步。掌握结构信息后,研究者才可能理解特定蛋白质行使其生理功能的原理,并以此为基础进行诸如小分子药物设计等的探究。那么,如何获得蛋白质的三维结构呢?传统的实验手段有 X 射线晶体衍射法(X-ray crystallography)、核磁共振法(nuclear magnetic resonance spectroscopy,NMR)及冷冻电镜法(cryo-electron microscopy,cryo-EM)等。根据 Berman 等(2000)对蛋白质结构数据库(protein data bank,PBD)的描述,目前每年解析得到的蛋白质结构在一万个左右,其中大多数是依靠 X 射线晶体衍射得到的。近年来(2013—2023 年),随着冷冻电镜技术的普及(Wang et al.,2017a)及重构算法的革新(Li et al.,2013),一些超大蛋白质复合物的高分辨率结构也逐渐可以被直接精确测定(Bai et al.,2015)。然而,在解析蛋白质结构的实验手段大获成功的同时必须指出其存在的缺点,那就是太过耗时耗力,即需要大量的人力及资金设备等的投入且实验周期较长。按照美国密歇根大学计算医学与生物信息系张阳教授的估算,实验解析一个较为复杂的蛋白质结构所需的花费为 250 000～500 000 美元。

蛋白质的序列信息决定了其空间结构。最重要的实验证明是 Christian Anfinsen 等在 20 世纪 50 年代关于蛋白质变复性的研究(Anfinsen et al.,1961;White,1961)。蛋白质在高温、极端 pH 值或变性试剂等的作用下丧失部分空间结构并且失去功能的过程称为蛋白质的变性,而其在恢复到自然的稳定条件下,天然结构和生物活性部分恢复的过程称为蛋白质的复性。在浓尿素溶液中,被纯化的核糖核酸酶 A 在还原剂存在下完全变性,其中,还原剂裂解四个二硫键,同时尿素破坏了维持蛋白结构稳定的疏水相互作用,因此核糖核酸酶的折叠结构整个崩塌,同时其催化活性完全丧失。当尿素和还原剂被去除时,Anfinsen 等(1963)又观察到,已经发生变性的随机卷曲结构又自发地重新折叠成有酶催化活性的正常生理结构。后续的很多研究都表明,蛋白质的氨基酸序列包含了其叠成天然三维结构所需的所有信息。

蛋白质序列信息的易得性奠定了从序列入手的蛋白质结构预测在当今生命科学研究中的重要意义。传统的多肽测序方法衍生出了一系列蛋白质序列的测定技术，这些技术至今仍然在蛋白质化学中占有重要的地位。但是，目前来说，蛋白质的氨基酸序列大多是从基因组数据库中的 DNA 序列间接获得的。这就导致，随着基因测序技术的飞速发展，人类积累的蛋白质序列数据大规模增长，远远超过了相应蛋白质结构数据的积累，如图 1-1 所示。上文介绍的 Anfinsen 法则（Anfinsen，1973），也即蛋白质的氨基酸序列包含了其叠成天然三维结构所需的所有信息，又为从序列入手的蛋白质结构预测打下了理论基础。再加上其速度快、花费少、可以大规模并行计算等优点，蛋白质结构预测，尤其是从序列入手的蛋白质结构从头预测，在近些年来得到了充分的重视，吸引了大批优秀的研究者，也取得了令人欣喜的巨大进展（Baker and Sali，2001；Dill and MacCallum，2012）。

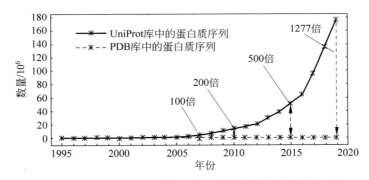

图 1-1　人类积累的蛋白质序列与结构数据的量随时间的变化

感谢美国密歇根大学计算医学与生物信息系张阳教授在其报告中对此图的慷慨分享。从图中可以看到，黑色的实线代表了在 UniProt 数据库中蛋白质的氨基酸序列随时间的变化趋势，呈爆发式、指数式的增长状态，与之相对的是 PDB 中人类对蛋白质结构数据的积累变化（黑色的虚线），其基本呈平行于横轴的缓慢的线性增长。截至 2020 年，序列数据的量已达结构数据的 1277 倍

在蛋白质结构预测发展的过程中，国际竞赛 CASP（Critical Assessment of protein Structure Prediction）起到了重要的作用。CASP 是一个双盲性的比赛，组委会会在赛前向全世界的结构生物学实验室征集一些有望在最终评估参赛结果之前能够被解析，但是尚未被公开发表的蛋白质结构。在比赛过程中，所有参赛者能得到的只有这些目标蛋白质的序列信息，他们需要按照各自的方法在规定时间内完成预测并将预测结果提交至组委会。待所有题目都进行完毕后，组委会将根据一定的标准客观衡量所有参赛者的预测水平，之后组织学术研讨大会总结这个领域目前的情况及未来的发展方向（Kryshtafovych et al.，2019；Moult et al.，2016，2018）。CASP 比赛于

1994年首次举办,之后每两年举办一次,为蛋白质结构预测提供了重要的评估平台,成为相关领域研究的算法测试基准。同时,也有一批非常有代表性的经典算法随着 CASP 比赛的进行而被研发及推广,如华盛顿大学 David Baker 教授团队开发的 Rosetta 系列(Das and Baker,2008)、密歇根大学张阳教授团队开发的 I-TASSER 系列(Roy et al.,2010;Yang et al.,2015;Zhang,2008)及芝加哥大学徐锦波教授团队开发的 RaptorX 系列(Kaellberg et al.,2012;2014;Xu,2019)等,会在下文中对这些方法进行较为详细的介绍。

作为相关领域的研究基础,蛋白质结构预测的飞速发展也带动了诸如蛋白质相互作用的预测(Sun et al.,2020)、蛋白质设计(Ben-Sasson et al.,2021;Cao et al.,2020)等方向的研究。随着越来越多不同背景、不同视野及不同技术特点的研究者的加入,蛋白质结构预测一定会取得长足的发展,产生更多影响深远的重大突破。

1.1.2 需要使用已有结构信息的预测方法

1.1.2.1 同源建模法

对于基因突变导致的蛋白质序列上氨基酸位点的突变,这一过程始终伴随着漫长的生物进化进程。我们在进化树中观察到的大多数突变是不影响蛋白质正常功能的,因为蛋白质功能发生变化的个体(尤其是与基本生命活动相关的关键性蛋白质,如呼吸作用中电子传递链上的蛋白质)将会面临更大的自然选择压力,往往被淘汰。同时,上文也介绍到蛋白质功能的行使必须以正常的三维结构为支撑,这也意味着一般留存下来的突变是不会剧烈影响蛋白质结构的。的确,研究者发现,同源蛋白质往往共享相似的结构,在进化过程中,蛋白质的三维结构比其氨基酸序列更加保守(Kaczanowski and Zielenkiewicz,2010)。

Chothia 等研究者在 1986 年就指出,当两条蛋白质的氨基酸序列拥有 20%以上的相似度时,它们对应的三维结构一般不会有巨大的差异(Chothia and Lesk,1986),这便是蛋白质结构预测中同源建模(homology modeling)法的理论依据,即可以通过寻找结构已知的同源序列来估计目标序列的三维结构。

如图 1-2 所示，目前通用的同源建模法主要有以下步骤（Marti-Renom et al.，2000）。

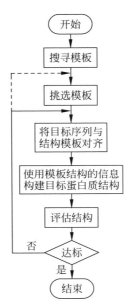

图 1-2　同源建模法的一般流程（Marti-Renom et al.，2000）

此图根据文献（Marti-Renom et al.，2000）绘制，展示了同源建模方法的一般流程。通常来说，同源建模法是一个迭代的过程。当产生的结构难以达到预测要求时，往往重复几个步骤，使其产生更多的结构，直到满足一定标准后停止

首先是在蛋白质结构数据库中寻找目标序列的同源模板序列。这一步常用 BLAST、PSI-BLAST 及 HHblits 等工具（Altschul et al.，1990；1997；Remmert et al.，2012）。合适的同源模板序列对后续操作及最终的结果表现都非常重要，因此需要对搜索结果做进一步筛选。常用的筛选标准为序列相似度、蛋白质功能相似度、表达调控相似度、二级结构相似度、相似覆盖范围与覆盖比率等。

其次是将筛选过的同源模板序列与目标序列进行对齐操作。在上一步的操作中，序列的高相似度区域已经有较好的对齐效果，在这一步，往往采用大尺度粗糙匹配算法（Rychlewski et al.，1998）以及随机搜索匹配算法（Mückstein et al.，2002）等提高序列中相似度较低区域的匹配准确度。

然后便是整个预测过程中最核心的部分，即构建目标序列的三维结构模型。这个过程得到的结果往往不是单一的，而是会产生一系列候选结构。

常用的方法大概可以分为两类：一类是先依靠同源模板的核心保守区域的结构搭建目标蛋白质的核心骨架，之后再通过对蛋白质片段库的搜索比对算法将剩余区域补齐(Wallner and Elofsson，2005)；另一类则是采用一种迭代优化的建模方式，具体来说就是根据找到的同源模板结构的统计信息构建目标序列对应结构的几何约束(常为概率分布的形式)，之后迭代地调整结构模型使其满足或者逼近这些几何约束(Šali and Blundell，1993)。

最后是质量评估与候选结构挑选。正如上文介绍的那样，模型构建这一步骤往往产生不止一个候选结构，需要通过一定的评估手段，如计算统计势能来比较其能量大小等，衡量这些候选结构在生物物理方面的合理性、是否符合天然肽的一般性质等条件，从中选择出最好的一个或者几个结构作为最终的预测结果。

在一般的同源建模蛋白质结构预测方法中，上述4个步骤往往需要循环迭代一次到多次。同源建模法对一般的蛋白质有非常好的预测效果，因为它们的同源模板序列可以在结构数据库中轻易地被找到，相关方法的预测精度也令人满意(Baker and Sali，2001)。但是对于同源序列稀少甚至无法找到的目标蛋白质，尤其是人为设计的蛋白质序列，其天然存在理论上的不足，这类方法往往对其束手无策。

著名的同源建模方法有 SWISS-MODEL(Schwede et al.，2003)、Modeller(Fiser et al.，2003)及 HHpred(Soding et al.，2005)等，这些方法为早期蛋白质结构预测的发展做出了重要的贡献，至今仍被广泛使用。

1.1.2.2 穿线法

根据上文中的介绍，我们知道，在进化过程中，蛋白质的结构相比蛋白质的氨基酸序列更加保守。那么，对于那些找不到同源序列的目标蛋白，是否还存在具有相似折叠模式的非同源结构模板呢？答案是肯定的。随着结构生物学研究的逐渐深入，人类积累了越来越多的蛋白质结构，将其按照结构相似性(也称蛋白质的折叠模式)归类，我们发现，折叠模式的增长近年来几乎停滞。最新的折叠模式数据库 SCOPe(structural classification of proteins extended-database)v2.07 显示(Chandonia et al.，2017)，目前所有的蛋白质结构仅可以分为 1232 个折叠模式。这就意味着，如果可以识别目标蛋白质的折叠模式，就可以将这种模式作为其骨架模板，对其结构做出较为准确的预测。

穿线法(threading)也称折叠模式识别法(fold recognition method)，就

是在这样的思路下应运而生的。那么如何确定目标蛋白质属于何种折叠模式并使用什么样的结构模板呢？目前的穿线法主要有两种技术路线：其一是依靠氨基酸序列对应的一维特征的匹配，这些特征主要有氨基酸的酸碱性、电性、亲疏水性、溶剂可及性、进化上的保守性及预测的二级结构归属等（Bowie et al.，1991）。其二是依靠预测的三维几何信息，如残基间距离等。目前使用最广泛的方法主要采用第二种技术路线，但是会采纳并融合第一种路线中的一维特征信息。其中，最具代表性的方法是密歇根大学张阳教授团队研发的 I-TASSER（Roy et al.，2010；Yang et al.，2015；Zhang，2008），其他有名的方法还有 RaptorX（Källberg et al.，2012；2014；Peng et al.，2011）及 FALCON@home（Wang et al.，2016）等。值得注意的是，随着目前依赖模板的蛋白质结构预测的逐渐发展，穿线法和上文提到的同源建模法之间的界限越来越模糊，新的方法常常将它们混合使用以提高算法的预测性能。

1.1.2.3 片段组装法

尽管上文提到的穿线法已经对序列同源性的要求低了很多，但是还是需要对目标蛋白质的整体骨架进行折叠模式的确定与模板的搜寻。如果目标蛋白质的折叠模式不好确定，或者整体模板的搜索存在困难，是否存在将目标蛋白质化整为零，逐个片段搜寻相关的结构模版，之后再从零到整，将这些片段组装起来的方法呢？

Bowie 等在 1994 年提出了应用 9 个残基长度的短片段进行结构模板搜索，并最终拼接为完整的目标蛋白质结构的方法（Bowie et al.，1994），这就是后来被广泛应用的片段组装法（fragment assembly method）的雏形。片段组装法一般包括片段库构建，片段结构模板搜索（也称构象搜索）与基于势能函数的片段选择、组装与最终结构的调整等部分。华盛顿大学的 David Baker 教授团队研发的 Rosetta 程序（Simons et al.，1997）是这个方向影响力最大、最被广泛使用的程序。Rosetta 程序吸引了很多研究者，形成了一个良性的开发和维护社区，衍生了许多不同的功能，且其源代码有较为详细的注释与使用说明（Khare et al.，2015）。下面就以 Rosetta 程序为例，对片段组装法的步骤进行简要说明。

Rosetta 程序官方的片段库构建方法为 NNMake（Gront et al.，2011），其中包含长度分别为 9 和 3 的片段。对目标蛋白质的每一个位置来说，NNMake 都会使用诸如序列位点的相似性、预测的二级结构归属、残基间的几何信息等作为打分依据,在结构数据库中选择 200 个 3 氨基酸片段及 200 个 9 氨基酸片段,组成这个位置的片段库。

在构象搜索方面,Rosetta 程序先使用片段库中的片段(包括 9 长度和 3 长度片段)对目标蛋白质相应位置上的氨基酸片段进行结构替换(置换相应的二面角),之后,在基于先验知识的势能函数的加持下进行蒙特卡罗模拟以将片段组装,这个过程中侧链一般使用质心表示。最后,将侧链添加回来,使用基于物理的势能函数对全原子模型进行局部微调以得到最终的预测结果。

1.1.3 完全基于序列信息的预测方法

1.1.3.1 基于序列的蛋白质残基间几何信息的预测

蛋白质残基间的相互作用使其形成了一定的空间结构。除 PDB 文件中那样直接使用原子的空间坐标来描述蛋白质的结构之外,还有很多其他的结构描述方式,如二面角序列、残基间距离矩阵等。其中,残基间距离矩阵与相应的蛋白质结构具有很好的一一对应关系,即拿到一个蛋白质的全原子坐标就可以轻松地求出任意一对残基的空间欧几里得距离,进而构建距离矩阵。同样地,如果有残基间距离矩阵,也可以根据多维尺度(multi-dimensional scaling)算法对其空间结构的原子坐标进行推导。因其优良的性质,诸如平移旋转不变性(蛋白质结构在空间中发生平移或者旋转,虽然原子坐标会发生变化,但是其残基间距离矩阵不发生变化)等,残基间距离矩阵得到了广泛的研究与应用。

一个氨基酸残基由多个原子组成,在计算残基间距离的时候,用什么样的坐标来代表这个残基呢?同时,在算法及算力水平还不够高的时候,直接预测、处理并使用蛋白质的残基间距离有一定困难,能否在解决问题的大前提下,对残基间距离做进一步的抽象呢?对于第一个问题,不同的研究者选择了不同的残基间距离的定义,其中有重原子最小距离(Berrera et al., 2003)、全原子最小距离(Mirny et al., 1996)、C_α 距离(Vendruscolo et al., 1997)与 C_β 距离(Fariselli et al., 2001)等。对于第二个问题,研究者们在选定适当的距离阈值之后,常常通过实际距离大于或小于这个距离阈值来将残基间距离转换为 0 或者 1 的距离标签,这个标签称为残基接触(contact)。根据 CASP 比赛(Schaarschmidt et al., 2018a),残基接触的一般定义为:若一对残基的 C_β 原子间的欧式距离小于 8 Å,其存在接触,反之则不存在接触。对于没有 C_β 原子的甘氨酸残基,使用其 C_α 原子代替定义中的 C_β 原子。从这个定义来看,残基接触矩阵是稀疏的。根据统计,平均每个残基大约和 7 个其他残基发生接触。这一优良的性质对之后的预测结果处理及应用上会有很大帮助。在得到蛋白质的残基接触矩阵后,可以根据含有约束优化的一般算法对其结构进行方便的预测(Vassura et al.,2008;Vendruscolo et al.,1997)。因此,蛋白质残基接触预测成了蛋白质结构预测领域的重要研究方向。

目前来说,基于多序列比对(multiple sequence alignment,MSA)的共进化信息(co-evolutionary information)提取是蛋白质残基接触预测方法的主要基础。共进化是指空间联系紧密的氨基酸残基往往会出现同时突变,其存在高度的隐含相关性。这个想法非常朴素,下面举例说明。若一对残基带相反的电荷,则它们的接触可以通过静电相互作用稳定蛋白质的结构。此时,若其中一个残基由正电氨基酸突变为负电氨基酸,则这一对残基同时带有相同的电性,在能量的作用下它们不能再保持接触的状态,于是蛋白质的局部结构遭到破坏,甚至其功能也会受到影响,对应的生物个体会受到极大的自然选择压力,进而有可能被淘汰。因此,在长期的自然选择压力下,这些空间联系紧密的氨基酸残基往往会同时出现相关的突变以维持对应蛋白质的正常结构和功能。

正如上文中介绍的那样,目前人类积累的蛋白质序列数据仍然呈爆发式的增长,因此通过算法能找到的目标蛋白质的多序列比对结果所包含的信息量也会越来越巨大,导致通过残基接触预测的蛋白质结构预测手段拥有巨大潜力。近年来,随着深度学习技术在这个领域的成功应用,涌现了一大批优秀的残基预测算法,如芝加哥大学徐锦波教授团队开发的 RaptorX-Contact(Wang S et al.,2017b;Xu,2019)、格里菲斯大学周耀旗教授团队开发的 SPOT-Contact(Hanson et al.,2018)及我们实验室开发的 AmoebaContact(Mao et al.,2020)等。

RaptorX-Contact 是一种非常典型的蛋白质残基接触预测方法,其架构如图 1-3 所示。它首次将计算机视觉领域内大获成功的深度学习网络架构——残差网络(residual network,ResNet)引入蛋白质残基接触预测。RaptorX-Contact 先使用一个一维(ID)的残差网络得到一维特征,将其转化为二维之后,和共进化信息等二维特征连接,再使用二维(2D)的残差网络接收、处理与整合输入信息,最终得到对目标蛋白质残基接触图谱的预测。SPOT-Contact 则是在残差网络的基础上考虑到蛋白质序列信息的有序性,结合使用了循环神经网络(具体为长短期记忆网络,LSTM)。AmoebaContact 除使用网络架构自动搜索技术对残基接触预测这一任务产生最合适的深度网络架构外,还创新性地打破了以往仅使用 8 Å 作为残基接触判断的距离阈值,通过引入多个不同的阈值对目标蛋白质的结构信息进行更好的描述。

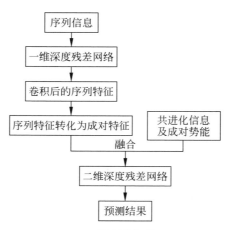

图 1-3　RaptorX-Contact 的网络架构(Wang et al.,2017b)

此图的绘制参考了文献(Wang et al.,2017b),简要示意了 RaptorX-Contact 的网络架构,由两部分残差网络(ResNet)组成,分别为一维残差神经网络和二维残差神经网络

在 2018 年的 CASP13 比赛中,Google 公司的 DeepMind 团队开发的 AlphaFold(Senior et al.,2020)大放异彩,夺得头筹。在 AlphaFold 的诸多创新点中,从对蛋白质残基接触的预测转向对其残基间距离的预测绝对是重要的变革之一。残基间的距离相比二值的残基接触,带有更加详细、精确的结构信息,对后续蛋白质折叠的指导会有更加重要的意义。与 AlphaFold 几乎同时或者在其发布后不久,这个领域的主流方法就转向了蛋白质残基间距离的预测,涌现了一批经典的算法,如升级后的 RaptorX-Contact(Xu,2019)、trRosetta(Yang et al.,2020)及 CopulaNet(Ju et al.,2020)等。

其中,trRosetta 因为引入了残基间转角的预测作为距离预测的补充,同时使用了方便的能量最小化函数 MinMover 来梯度下降地优化预测的蛋白质结构而被广泛讨论和使用。这里以 trRosetta 为例简单介绍蛋白质残基间几何信息的预测及其应用。从目标序列的 MSA 中抽提的输入特征进入一个有 60 个结构模块的深度残差网络。这个网络是多任务的,因为无论是残基间距离还是不同类型的转角，其本质都是对相同结构信息的描述，所以不同的任务共享了整个网络前面的绝大部分，只在最后一层应用了多头结构来预测不同的几何信息。获得蛋白质残基间几何信息的预测之后，trRosetta会首先使用三次样条插值将预测结果（概率分布）转化成连续的能量约束，之后使用MinMover根据这些约束通过梯度下降优化得到一个粗粒化的预测结构，最后使用FastRelax程序细调这个结构得到最终的预测结果。

尽管这些新的算法取得了令人激动的成就，但是，它们全都将连续的实值距离（以及其他残基间几何信息，如转角等）离散化了（如trRosetta将$2 \sim 20$ Å的距离划分为36个0.5 Å的小区间，再加上一个小区间专门用来表示残基间距离大于20 Å），进而通过构建一个基于深度学习的多分类器来预测相应的概率分布。需要指出的是，选择这样的技术主要可能是基于目前深度学习架构对分类器更加友好，同时分类问题的损失函数更加准确、强大等的考量，但是它破坏了原有几何信息的连续性等优良特性。更重要的是，离散的概率分布无法实现基于距离等几何信息的从序列到结构的端到端（end-to-end）训练。

1.1.3.2 应用几何约束的蛋白质结构优化

完全基于目标蛋白质的氨基酸序列的结构预测方法，其重点研究方向可以归纳为以下主要的四点：首先是蛋白质结构信息的低自由度表示与结构重现；其次是势能约束函数的构建与应用；再次是根据约束的高效结构采样与迭代优化算法；最后是候选结构的处理、排序与挑选。

关于第一点，已经简单介绍了通过蛋白质残基间几何信息（残基接触、残基间距离、转角等）表示蛋白质结构的方法。对于第二点，已在1.1.3.1节重点介绍了以深度学习为主的残基间几何信息的预测，这些预测结果可以很方便地转化为蛋白质结构优化时的势能约束函数。除此以外，还有一些基于物理规律的物理近似势能函数（Zhou et al.，2011）来约束最终结构使之符合基本的生物物理条件，以及一些从已有蛋白质结构中大规模统计得到的统计势能函数用以确保最终结果满足天然肽的基本特性。对于第三点，目前最有代表性的方法是梯度下降算法，我们会在这里对其研究进展进行大致说明，具体的详细情况及第四点内容将在第2章中着重介绍。

最早使用约束势能函数直接对蛋白质结构进行梯度下降优化并大获成功的算法是Google公司的AlphaFold（Senior et al.，2020），但是很遗憾的是,到目前为止,相关结构优化的细节与程序代码尚未完全公开。与AlphaFold同时期的梯度下降优化算法是我们实验室开发的GDFold(Mao et al.,2020)。GDFold以AmoebaContact预测的多阈值残基接触信息作为输入约束,结合一些蛋白质结构的统计数据,直接优化残基的原子坐标。GDFold是第一个完全开源其内部所有细节的梯度下降结构优化算法。此外,上文中提到的trRosetta(Yang et al.,2020)也是这个方向的代表性算法。正如上文介绍的那样,trRosetta使用了MinMover能量最小化函数,根据其预测的残基间几何信息,同时结合Rosetta中成熟的统计势能函数,来梯度下降地优化目标蛋白质的结构。trRosetta对MinMover函数的使用方式被这个领域内的其他方法所借鉴,如RaptorX-Contact。早期的RaptorX-Contact仍然使用CNS套件(Brünger,2007),以预测的几何信息作为构象搜索约束,通过分子动力学模拟预测蛋白质结构。根据徐锦波教授的报告,最新的RaptorX-Contact在蛋白质结构优化上也采用了MinMover函数的类似功能,相比其之前的工作,取得了很不错的效果。

应用预测得到的残基间几何约束来优化蛋白质的结构并不是蛋白质结构预测问题的完美解,只是构建从氨基酸序列到蛋白质结构的端到端(end-to-end)模型的道路上的一种妥协。有研究者提出了一种根据相邻残基间的二面角确定蛋白质结构的端到端模型(AlQuraishi,2019),这种方法在当时引起了激烈讨论,争议颇大。令人激动的是,在2020年的CASP14比赛中,Google公司DeepMind团队时隔两年的大作AlphaFold2也采用了端到端的训练方法,其模型表现取得了惊人的进步,远远超过其他所有算法,对蛋白质结构预测领域乃至结构生物学领域都将产生深远的影响。

1.2　本书的组织结构

本书共分为7章。第1章着重讨论本书的研究背景、相关领域的发展情况及还需解决的一些问题。第2章着重介绍本书中将会涉及的具体算法。第3章~第5章展示不同阶段工作的具体情况,并最终在第6章中进行总结并对未来研究进行展望。第7章则简要介绍其他相关的工作。

第 2 章 方法与技术

本章主要介绍本书中使用的方法与技术。

2.1 深度神经网络

深度神经网络(deep neural networks,DNN)或者深度学习(deep learning,DL)技术是机器学习(machine learning,ML)领域中的一类技术(Bengio et al.,2013;LeCun et al.,2015;Deng et al.,2014)。近年来,随着计算设备架构的革新和计算能力的大规模提升,深度神经网络在各个领域都有了广泛的应用,产生了深远的影响。

深度神经网络是由一个个被称作神经元的非线性计算单元组成的计算模型,如图 2-1 所示。网络收到一些输入,这些输入通过一些具有层次结构的神经元(同一层次的神经元组成的结构被称为神经网络的层)进行处理与

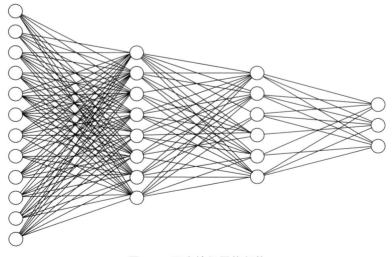

图 2-1 深度神经网络架构

整合(这个过程也常被称为特征的提取与转换)。前述信息流到了具体的某一个神经元,其"加和"经过非线性激活函数的处理,如果超过一个阈值,则这个神经元就被激活。实际上,神经网络就是很多这样的神经元处理公式通过嵌套迭代得到的一个数学系统。

深度神经网络中的计算单元,也就是上文中提到的神经元,其激活函数具有一个非常优良的性质,即连续可微性。关于激活函数,在早期的神经网络中研究者常使用 sigmoid 函数。发展了一段时间之后,研究者倾向于使用 tanh 函数或者 tanh 函数的变体。随着该领域相关研究的继续深入,目前的深度神经网络衍生出了各种各样的激活函数,但其中应用最广泛的是线性整流函数(rectified linear unit,ReLU)及它的变体。有了连续可微性这样的优良性质后,研究者可以方便地计算系统的梯度,进而使用反向传播算法(back propagation,BP)朝着指定的方向优化这套系统的参数,即训练这套系统。

深度神经网络因其逐层的处理机制、信息在网络中流动时丰富的内部变化及其足够的模型复杂度而展现出卓越的性能,基本可以代替传统机器学习技术中需要大量先验知识的特征工程手段。目前,多种不同类型的深度神经网络,如深度信念网络(Hinton et al.,2006a)、卷积神经网络(LeCun et al.,1998)、循环神经网络(Hochreiter et al.,1997)等,都有了长足的发展,取得了巨大的成功。

2.1.1 深度信念网络

深度信念网络(deep belief network,DBN)由若干个限制玻耳兹曼机(restricted Boltzmann machine,RBM)堆叠组成,其训练可通过由低到高对这些 RBM 的逐层优化来实现(Le Roux et al.,2008)。

限制玻耳兹曼机是一个由两层网络构成的基于能量的生成模型(Fischer et al.,2014),其结构如图 2-2 所示。

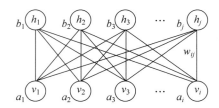

图 2-2 一般的限制玻耳兹曼机的网络结构

图中,可见层(visible)和隐藏层(hidden)分别用 v 和 h 表示,它们之间的连接参数(权重)用 w 表示,各自的偏置量分别用 a 和 b 表示假设一个限制玻耳兹曼机的可见层和隐藏层所含有的计算单元分别有 n 个和 m 个，那么对于一组给定的状态 $(v;h)$，其所具备的能量的定义是

$$\mathrm{E}(v,h\mid\theta)=-\sum_{i=1}^{n}a_{i}v_{i}-\sum_{j=1}^{m}b_{j}h_{j}-\sum_{i=1}^{n}\sum_{j=1}^{m}v_{i}w_{i,j}h_{j} \quad (2-1)$$

其中，$\theta=(w,a,b)$ 是此限制玻耳兹曼机的参数集。训练限制玻耳兹曼机的任务便是最优化其参数集 θ 以拟合训练集中的数据，这个过程可以通过最大化其在训练集（假设样本数为 B）上的对数似然得到，即

$$\theta^{*}=\underset{\theta}{\mathrm{argmax}} L(\theta)=\underset{\theta}{\mathrm{argmax}}\sum_{b=1}^{B}\log P(v^{(b)}\mid\theta) \quad (2-2)$$

对比散度（contrastive divergence，CD）算法常被用于估计基于训练数据时限制玻耳兹曼机的对数似然梯度。Hinton 指出，当使用训练数据初始化可见层时，对比散度算法仅需 k 步吉布斯采样（通常 $k=1$）便可以得到足够好的近似。当可见层被初始化后，使用

$$P(h_{j}=1\mid v,\theta)=\sigma\Big(b_{j}+\sum_{i}w_{i,j}v_{i}\Big) \quad (2-3)$$

来计算所有隐藏层节点的二值状态。在确定所有隐藏层节点的状态之后，再根据

$$P(v_{i}=1\mid h,\theta)=\sigma\Big(a_{i}+\sum_{j}w_{j,i}h_{j}\Big) \quad (2-4)$$

来重构可见层。

正如上文介绍的那样，深度信念网络是由若干个限制玻耳兹曼机堆叠组成的，如图 2-3 所示，其预训练可使用非监督式的逐层训练方法，具体为：

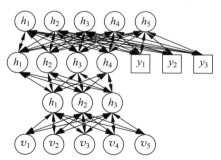

图 2-3　深度信念网络架构（见文前彩图）

深度信念网络中，每两层组成一个限制玻耳兹曼机。图中蓝色部分是网络的输入部分（训练时对应训练集中的样本数据），绿色部分为网络的输出部分（训练时与相应样本对应的训练标签做比较）

①最底部的限制玻耳兹曼机以训练集中的样本作为输入数据进行训练；②将底部限制玻耳兹曼机所抽取到的特征，也就是其隐藏层的输出，作为其上一级限制玻耳兹曼机的输入数据进行训练；③重复过程①和过程②以堆叠深度信念网络的层数。经过这种方式的预训练后，再使用传统的全局学习算法，如 Hinton 等学者建议的反向传播算法，来对网络参数进行微调，进而完成网络的全部训练过程，并使其参数尽可能地收敛到局部最优值附近(Hinton et al.,2006； Hinton and Salakhutdinov,2006)。

2.1.2 卷积神经网络

传统的全连接网络(fully connected network,FCN)处理具有拓扑结构的数据(如图像等信息的空间拓扑及视频流、音频流的时间拓扑)，往往是将这些信息粗暴地延展为合适的输入形状后，通过数量庞大的参数参与的大规模运算来进行特征的提取与转换。这样的做法带来了诸多缺陷，于是受1959 年哈佛医学院 Hubel 和 Wiesel 两位科学家著名的关于猫视觉神经上核的实验(Hubel and Wiesel,1962)启发，当时的计算科学家设计并提出了卷积神经网络(convolutional neural network,CNN)这样一种网络架构。

这里举个例子来简要说明卷积神经网络与全连接网络的异同。假设输入图片的大小为 $32\times32\times3$(这三个维度分别代表图片的长、宽及通道数)。在全连接网络中，首先会将其延展成为一个长度为 3072 的向量。假设关注的是全连接网络的第一层，该层包含 10 个神经元，那么对每一个神经元来讲，所进行的操作都是 3072 维度的权重向量与输入的图片向量进行点积。之后，点积得到的值加上一个偏置量，再经过激活函数的处理，计算的结果就是该神经元的输出。因此，本层的 10 个神经元就对应长度为 10 的输出向量。所谓点积，就是成对(pairwise)乘积之后求和。对于卷积来说，其核心也是点积。卷积核的大小被称为感受野，其深度(通道数)一般和输入信息的深度一致。对于卷积操作产生的输出中的每一个值，都是卷积核和输入信息中相同大小的一块(chunk)的点积结果。之后，同全连接一样，这个计算结果加上偏置量并经过激活函数的处理。

这里以最常见的 3×3 大小的卷积核为例，如图 2-4(a)所示。同一个卷积核通过一定的步长在整张图片上滑动，然后每滑动一步，就做一次点积操作。卷积核通过这样的滑动遍历整个输入，得到一定大小的输出，称其为特征图(feature map,有时也称 activation map)。卷积核的这种点积操作与滑动操作有效地保留了输入信息中像素点排列的空间拓扑结构(其他输入也有其对应的拓扑结构),同时极大地减少了网络参数量。

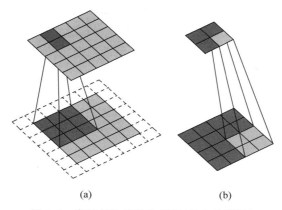

图 2-4　卷积与池化操作示意(见文前彩图)

感谢毛闻志博士提供此图。(a)为卷积操作,(b)为池化操作。下部为操作的原始输入,其中卷积的补零操作用虚线标出,上部为操作的输出

刚才提到的是一个卷积核的计算,其在滑动的时候参数不变,因此能提取或者感受的特征相对单一。在实际应用中,卷积神经网络的每一层都会有多个不同的卷积核,它们除了权重和偏置量等参数不同外,其他的运算方式完全相同。每个卷积核会得到一个通道的输出,将这些通道连接起来就得到了这个卷积层的输出。一个含有 Z 个卷积核(这里以大小为 3×3 为例)的卷积层,处理尺寸为 $X\times Y\times C$ 的输入信息 I 得到相应输出 O 的具体计算方式为

$$O_{x,y,z} = \sum_{i=-1}^{1}\sum_{j=-1}^{1}\sum_{k=1}^{C} I_{x+i,y+j,k} \cdot W_{i,j,k,z} + B_z \tag{2-5}$$

其中,W 为卷积层中卷积核的权重,B 为相应的偏置量,且有

$$\begin{cases} x \in \{1,2,\cdots,X\} \\ y \in \{1,2,\cdots,Y\} \\ z \in \{1,2,\cdots,Z\} \end{cases} \tag{2-6}$$

池化(pooling)层也是很多卷积神经网络的重要组成部分,其本质是一种降采样(subsampling),如图 2-4(b)所示。具有拓扑结构的数据有很多优良的性质,规则的降采样不会改变它们的拓扑结构便是其中之一。例如,在图像处理领域,对图片做降采样不会改变图片的内容。降采样规则一般为保留局部最大值或局部均值,分别对应着最大值池化(max pooling)和均值池化(average pooling)。这种保留了图像特征但却缩小了图像尺寸的技术

使得我们可以使用更少的参数去操作图像,好处是既显著减小了网络的参数量,又可以在一定程度上对抗图像扰动带来的微小噪声,增强算法的鲁棒性。

卷积层和池化层(有的卷积神经网络中不含,如全卷积网络)构成了CNN的基本架构,这使得我们可以轻易地使用反向传播算法去迭代优化它的参数,完成网络的训练(Rumelhart et al.,1986)。由于架构简单、鲁棒性强、易于迁移,CNN已经深入当代生活与科学研究的方方面面,具有极强的应用性,其在物体识别(Ciresan et al.,2012;Rastegari et al.,2016)、目标检测(Liu et al.,2016;Redmon et al.,2016;Ren et al.,2015)、图像语义分割(Shelhamer et al.,2017)、音视频流处理(Du et al.,2015;Karpathy et al.,2014)、自然语言处理(Kalchbrenner et al.,2014)、推荐系统(Wang et al.,2014)等领域均大获成功。

2.1.3 残差神经网络

残差神经网络(residual neural network,ResNet)也是一种深度神经网络(He et al.,2016b)。它的灵感来源于大脑皮层中的锥体细胞群,其神经元会通过跳跃连(skip connection)略过某些层级,进而实现整体间更为复杂的连接。如图2-5所示,在残差神经网络的架构下,网络基本模块(module)之间的连接存在规则的跳跃,之后通过加和的方式进行信息整合并使信息继续向前传递。在参数优化的时候,残差神经网络通过反向传播算法学习这种跳跃连接。

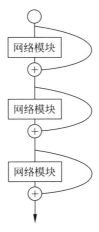

图2-5 残差神经网络的结构示意

一般来说,增加神经网络的深度可以提高其性能表现。但是,由于反向传播算法中对各层参数的梯度(也即偏导数)计算需要依靠链式法则(后层偏导数的累乘操作),因此,如果只是简单地增加神经网络的深度,会导致梯度弥散或梯度爆炸问题(这取决于神经网络自身的架构及其神经元所选用的非线性激活函数的特性),进而最终导致神经网络的训练失败。

残差神经网络通过跳跃连接的方式在一定程度上解决了上述问题。在反向传播中,残差的表示形式使深层网络近似起来要容易很多(He et al.,2016a)。此外,残差神经网络还在某种程度上实现了浅网络的集成式学习(Veit et al.,2016),模型的性能表现及鲁棒性都比普通网络有较大提高。因此,残差神经网络在很多领域中都有成功的应用。随着研究的不断深入,近年来,研究者在基础残差神经网络的架构上又提出了很多新的、性能更高的衍生版本,如 ResNeXt(Xie et al.,2017)、ResNeSt(Hang et al.,2020)等。

2.2 生成式对抗网络

作为应用数学和工程领域的重要研究对象,高维概率分布一直受到了各界的广泛关注。作为表示和操作高维概率分布能力的重要测试之一,如何训练生成式模型并根据其做出相应采样成为近年来深度学习领域所探讨的热点问题。Goodfellow 等在 2014 年提出了生成式对抗网络(generative adversarial networks,GANs)的概念,在生成式模型的研究方面做出了重要的贡献(Goodfellow et al.,2014)。之后,随着 GAN 的发展,其在图像的超分辨率化(目标为将低分辨率图像转化为超高分辨率图像)(Ledig et al.,2017)、计算机辅助的艺术创作(Brock et al.,2016;Zhu et al.,2016)、图像到图像的转换应用(也称图像翻译,如航空照片到地图的转换及设计草图到完整渲染手稿的转换)(Isola et al.,2017)等方面取得了巨大的成功。

2.2.1 基本框架和工作原理

GAN 的基本结构包含两个部分。一个是生成器(generator),其试图生成与训练数据来自同一高维分布的样本。另一个是判别器(discriminator),其作用是检查输入样本以确定它们是来自训练数据所属的真实分布(记为 real)还是来自生成器模拟的相似分布(记为 fake)。

判别器的训练使用传统的有监督式的方法来判断输入样本的真假。对于生成器的训练,训练好坏的标志之一就是其是否可以让判别器造成混淆,如图 2-6 所示。这里可以举一个例子形象地说明 GAN 的工作原理。将生成器想象成一个试图制造假币的犯罪分子,把判别器想象成一个在银行工作的假币鉴定师。随着自己工龄的增长,鉴别师的假币鉴定水平越来越高。同时,为了骗过鉴定师而达到其犯罪目的,犯罪分子必须根据鉴定师的鉴定结果不断调整自己的制币方法,让自己生产的假币越来越像真币。在这样一种正反馈的机制下,生成器的采样结果最终会逼近训练数据所属的真实分布。

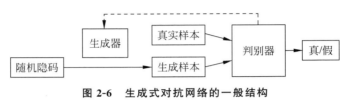

图 2-6 生成式对抗网络的一般结构

2.2.2 损失函数

这里首先约定一些符号,将隐变量(latent variable,也即随机隐码)记为 z,将观测变量(observed variable,也即真实样本)记为 x,将判别器记为一个用深度神经网络表示的可导函数 D,将生成器记为另一个可导函数 G,将它们的参数和损失函数分别记为 θ 和 J。在 GAN 的训练过程中,判别器和生成器的损失函数都依赖对方的表现,分别记为 $J^{(D)}(\theta^{(D)}, \theta^{(G)})$ 和 $J^{(G)}(\theta^{(D)}, \theta^{(G)})$,但是它们在各自的优化中无法控制对方的参数而只能改变自身的参数 $\theta^{(D)}$ 和 $\theta^{(G)}$。这样,最后这场博弈所达到的纳什均衡点就是双方均在各自的参数条件下达到了自己所能达到的局部损失函数最小的情况。

在 GAN 的不断发展中,生成器的损失函数演化出了针对具体问题的不同变种,但是判别器的损失函数却基本都是承袭了 Goodfellow 等最初的设计方案。这里先介绍判别器的损失函数 $J^{(D)}$,之后再重点介绍几个在 GAN 发展过程中较为重要的生成器损失 $J^{(G)}$。

在 GAN 中,判别器一般都是一个最后使用 sigmoid 函数做输出的标准二分类器,因此其损失函数也常为标准交叉熵损失,具体为

$$J^{(D)}(\theta^{(D)}, \theta^{(G)}) = -\frac{1}{2} E_{x \sim p_{\text{data}}} \ln D(x) - \frac{1}{2} E_z \ln(1 - D(G(z)))$$

(2-7)

判别器的参数调整方向为将此损失函数最小化的方向。在训练过程

中,判别器会在两种不同来源的训练数据上学习:一种是来自训练集中的真实数据样本,其对应的标签都是 1;与之相反,另一种是通过生成器采样的生成样本,其对应的标签都是 0。

在 GAN 的发展中,最初的博弈模型为最简单的零和博弈,博弈双方的损失之和为零,即生成器的损失函数为判别器损失的相反数。这样一来,便可以根据判别器的损失函数确定整个博弈的价值函数 V,也即

$$V(\theta^{(D)},\theta^{(G)}) = -J^{(D)}(\theta^{(D)},\theta^{(G)}) \tag{2-8}$$

此时,生成器参数的优化方法即为

$$\theta^{(G)*} = \arg \min_{\theta^{(G)}} \max_{\theta^{(D)}} V(\theta^{(D)},\theta^{(G)}) \tag{2-9}$$

在最大化内圈的同时尽可能最小化外圈,因此,这种零和博弈在这里也常被称为 minimax 博弈(最小最大博弈)。

需要指出的是,minimax 博弈模型受到广泛关注的原因在于其在理论分析中具有重要的地位。但在实际应用中,minimax 博弈模型的表现却不是很好。因为在 minimax 博弈中,判别器最小化自己的交叉熵损失,而生成器试图最大化相同的交叉熵。当判别器成功且连续地以高置信度拒绝生成器生成的样本时,生成器参数优化的梯度就会消失,即生成器无法继续从整个博弈中学到任何东西。

为了解决这个问题,一些学者在 minimax 博弈模型的基础上设计出了一种启发式的模型。这种启发式的模型没有直接将判别器的损失函数取相反数来获得生成器的损失函数,而是翻转了用于构造这个交叉熵损失的具体样本标签。也即,生成器的损失函数为

$$J^{(G)}(\theta^{(D)},\theta^{(G)}) = -\frac{1}{2}E_z \log(D(G(z))) \tag{2-10}$$

从这个公式也可以看出,与在 minimax 博弈中生成器需要最小化判别器判断正确的对数概率不同,在新的模型中,生成器尝试最大化判别器出错的对数概率,这也是其被称为启发式模型的直接原因。

Goodfellow 及 Nowozin 等在实践中提出的极大似然博弈模型(Nowozin et al.,2016)也是比较经典的博弈模型。他们希望能够用 GAN 进行极大似然学习,即最小化训练集中真实样本的数据分布和生成器所抽样的生成样本分布之间的相对熵,具体的做法为

$$J^{(G)}(\theta^{(D)},\theta^{(G)}) = -\frac{1}{2}E_z \exp(\sigma^{-1}(D(G(z)))) \tag{2-11}$$

其中,σ 是逻辑斯谛 sigmoid 函数。

2.3 蛋白质的原子坐标优化与其残基间约束

与传统的蛋白质结构预测算法不同,蛋白质的原子坐标优化通常是根据输入的约束信息(预测得到),直接使用梯度下降等优化算法迭代修改蛋白质残基各原子的三维空间坐标,通过这种手段迫使生成的蛋白质结构尽可能地满足输入的约束条件。

2.3.1 残基间约束

对于原子坐标优化来说,输入约束主要针对蛋白质残基间几何信息的预测结果,其中包括残基间接触预测(Mao et al.,2020)、距离预测(Ding and Gong,2020;Senior et al.,2020;Yang et al.,2020)、转角预测(Yang et al.,2020)等。这些预测结果有各种各样的表示形式。例如,距离预测就包括针对连续实值距离的预测与离散的距离概率分布预测。其中,不同研究者在概率分布的预测方面又会使用不同的距离离散化方式。梯度下降等优化算法要求我们能够快速衡量当前各原子的三维空间坐标所代表的蛋白质结构与输入约束的差距,并得到一个连续可导的损失函数。因此,如何从不同表示形式的输入约束得到连续可导的损失(也常被称为能量或势能),便是蛋白质原子坐标优化的第一步。

1. 距离约束

首先,若已知一个蛋白结构的原子坐标 X,可根据下式

$$\text{distance}(X_{i,a}, X_{j,a}) = (X_{i,a} - X_{j,a})^2 \quad (2\text{-}12)$$

获得其 i,j 残基对中同一原子类型 a 的空间欧几里得距离。在实际应用中,研究者们一般重点考察残基上的 C_β 原子并用其代表这个残基。那么可以根据式(2-12)得到待优化结构(原子坐标表示为 X^O)的 C_β 原子间距离,简记 d^o。此时,如果输入距离限制的表示形式为实值距离 d^{IR},则可用常见的连续可微的回归误差来定义原子坐标优化过程中需要用到的能量。这里以均方误差函数(mean squared error,MSE)为例,相应能量为

$$L^{\text{distance}}(X^o) = \sum_{i,j,i \neq j} (\text{distance}(X^O_{i,C_\beta}, X^O_{j,C_\beta}) - d^{IR}_{i,j})^2 \quad (2\text{-}13)$$

目前,主流的蛋白质残基间距离预测工作并不是直接预测实值距离,而是将原本连续的实值距离离散化之后,通过一个多分类器预测一个距离的概率分布 P^{ID}。其原因也许是目前流行的神经网络架构在分类这种定性任

务上常常会有更出色的表现。因为此种输入约束的表示形式是离散的分布（也即残基对处于不同距离范围内的一系列概率值），所以，其在原子坐标优化中相应距离能量的转化就会更加复杂一些。

现行的能量转化方式都需要先确定一个参考态，其大致可分为背景模型参考态与理想气体模型参考态。Google 公司研发的 AlphaFold 算法是背景模型参考态的典型代表(Senior et al., 2020)。除了根据目标蛋白质的序列，这里记为 Target，以及相应的多序列比对衍生特征，这里记为 MSA(Target)，来预测残基间距离的概率分布外，他们还训练了一个结构几乎完全等同的背景模型。这个背景模型可以仅根据目标蛋白质的长度信息，这里记为 Length，与关于残基是否为甘氨酸的二值掩码 δ_G，在不使用具体序列信息的情况下，得到对应于上面提到的预测分布的一个背景分布 P^{IBD}，作为参考态。同时，为了平滑这些离散的分布，AlphaFold 算法使用了三次样条插值(cubic spline interpolation)，这里记为运算符 CSI。背景模型参考态的能量转化方式可表示为

$$L^{\mathrm{distance}}(X^O)$$
$$= -\sum_{i,j,i\neq j}(\mathrm{CSI}(\log P^{ID}_{i,j}(\mathrm{distance}(X^O_{i,\mathrm{C}_\beta},X^O_{j,\mathrm{C}_\beta})|\mathrm{Target},\mathrm{MSA}(\mathrm{Tatget})))-$$
$$\mathrm{CSI}(\log P^{\mathrm{IBD}}_{i,j}(\mathrm{distance}(X^O_{i,\mathrm{C}_\beta},X^O_{j,\mathrm{C}_\beta})|\mathrm{Length},\delta_G))) \qquad (2\text{-}14)$$

理想气体模型参考态由周耀旗教授团队在其工作 Dfire 中首先提出(Zhou and Zhou, 2002)，最近比较有代表性的应用工作是 trRosetta(Yang et al., 2020)。与上文中提到的背景模型参考态不同，理想气体模型参考态不再单独训练背景模型，而是拓展了理想气体状态方程，使用预测分布中最后的区间(bin)上的概率值作为其参考态，使用如下公式先将对应概率值变为一个打分函数值：

$$\mathrm{score}_{\mathrm{distance}}(P^{ID}) = -\ln(p_i) + \ln\left(\left(\frac{d_i}{d_N}\right)^\alpha p_N\right) \qquad (2\text{-}15)$$

其中，p_i 是共有 N 个距离区间的输入距离分布 P^{ID} 在第 i 个区间上的概率，α 是一个用于归一化的常数，d_i 是对应区间的距离中位值。此打分函数仍然是离散的，使用三次样条插值将其平滑后得到对应的距离能量为

$$L^{\mathrm{distance}}(X^O) = \sum_{i,j,i\neq j}\mathrm{CSI}(\mathrm{score}_{\mathrm{distance}}(P^{ID}_{i,j}))(\mathrm{distance}(X^O_{i,\mathrm{C}_\beta},X^O_{j,\mathrm{C}_\beta}))$$
$$(2\text{-}16)$$

2. 转角约束

转角(orientation)与上文中提到的距离稍有不同，其具有周期性，故可

以认为其有界。所以，在原子坐标优化中，转角相关的损失函数通常是完整的。与之对应的是，上文中提到的距离是无界的，其对应的能量函数就会有条很长的拖尾。这条拖尾在优化时表现为一个梯度很小的高维平面，进而会带来优化上的困难。因此，在蛋白质的原子坐标优化中，转角约束是距离约束的重要补充信息。南开大学杨建益教授等在其工作 trRosetta 中第一次将残基间的转角预测引入这个领域，其对转角信息的处理也被认为是该工作的重要亮点之一。

在 AlphaFold 算法中，每个残基的扭转角（torsions）都使用 von Mises 分布建模，对应的角度能量为

$$L^{\text{orientation}}(\phi,\psi) = -\sum_i \log p_{\text{vonMises}}(\phi_i,\psi_i \mid \text{Target}, \text{MSA}(\text{Tatget}))$$

(2-17)

trRosetta 对转角约束的处理和其处理距离约束所使用的方法类似，先转化为一个离散的打分函数，即

$$\text{score}_{\text{orientation}}(P^{ID}) = -\ln(p_i) + \ln(p_N)$$

(2-18)

然后再使用三次样条插值将其平滑。

2.3.2 原子坐标优化

AlphaFold 算法首先将梯度下降算法应用在蛋白质结构优化的研究上，针对输入约束转换的能量函数，其优化变量是残基的扭转角 ϕ 和 ψ。然而 AlphaFold 并未公开其结构优化的相关代码，所以一些算法细节目前还不为外界所知。我们实验室的工作 GDFold 是目前已知的第一个全开源的使用梯度下降算法来优化蛋白质结构的工作。与 AlphaFold 不同，GDFold 的优化变量是蛋白质的原子坐标。具体来说，对于每一个残基，以其 C_α 原子为中心，将氨基酸结构简化为四面体（侧链抽象为一个假原子），则可构建一个笛卡儿坐标来表示其他原子的远近与方位，同时构建一个欧拉角坐标来表示整个氨基酸在空间中的旋转。通过这样的方式，就可以迅速建模一个蛋白质结构中所有原子的空间坐标，进而衡量其与输入约束的差距，在损失函数的基础上调整相应的原子坐标以达到优化蛋白质结构的目的。此外，还有一些研究者试图使用内坐标来优化蛋白质结构（Conway et al., 2014; Koslover and Wales, 2007）。这些蛋白质结构的表示方法，或者说蛋白质结构优化时的优化对象，应该是殊途同归的，只不过不同的体系可能会更加适应特定的优化方法。关于优化算法的选择，GDFold 使用了混合的

Adam-SGD 优化算法,而 AlphaFold 和 trRosetta 都选择了拟牛顿法中的 L-BFGS(Liu and Nocedal,1989)。

2.4 其 他

2.4.1 集成学习

当单个学习器的模型表现很难再通过不同的训练技巧取得突破时,往往可以按照一些特定的方式构建多个不同的学习器(常称为弱学习器),再将其以一定的方式结合,以获得表现更为出色的整体模型(称为强学习器),这种方式就是集成学习(ensemble learning)。

如图 2-7 所示,集成学习的架构包含一定数量的学习器模块与将这些学习器进行整合的综合模块。学习器模块可以是符合目标任务的任何机器学习模型,如贝叶斯网络、神经网络及决策树等。集成学习得到的强学习器 G 往往比其组成模块,也即单个弱学习器 g 有更好的效果。这里,将综合模块设置为最简单的"结果平均"(也即平均系综,average ensemble),以其为例说明集成学习的优势。平均系综的表示为

$$G = \frac{1}{T}\sum_t g_t \tag{2-19}$$

其中,强学习器 G 中包含 T 个不同的弱学习器 g。此时,强学习器 G 与弱学习器 g 的误差期望比较为

$$\begin{aligned} E(\mathrm{Err}(g)) &= \frac{1}{T}\sum_t \mathrm{Err}(g_t) = \frac{1}{T}\sum_t (g_t - f)^2 \\ &= \frac{1}{T}\sum_t (g_t - G)^2 + (G - f)^2 \geqslant (G - f)^2 \\ &= \mathrm{Err}(G) \end{aligned} \tag{2-20}$$

其中,f 表示期望学习器学到的真实映射。

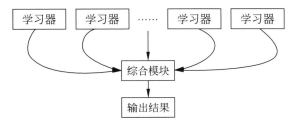

图 2-7 集成学习架构

集成学习主要可以分为 Boosting（Kearns and Valiant，1994）和 Bagging（Breiman，1996）两类。Boosting 算法的大致流程为：在训练单个弱学习器时，训练集的组成不发生变化，但是训练集中每个训练样本在训练时的权重会随着上轮训练中的验证结果而发生动态调整。因此，Boosting 中各弱学习器间存在特定联系，是顺序生成的。Boosting 的代表性算法有 XGBoost（Chen et al.，2016）等。Bagging 算法与 Boosting 不同，其单个弱学习器的训练集是由总体训练集进行一定的有放回均匀抽样生成的，各个弱学习器之间彼此是相对独立的，并没有特定的生成顺序，其代表性算法有随机森林（Breiman，2001）等。

2.4.2 注意力机制

注意力机制（attention）是深度学习领域对人类大脑的信号处理机制的一种模仿。以视觉为例，人类总是在观察到全局画面后优先确定需要着重关注的局部区域，也即视觉注意力焦点。在之后的视觉信息处理过程中，视觉注意力焦点的细节信息成为主流，其他区域的相关信息则被抑制或忽视。这种机制是在注意力资源有限的情况下，通过长期进化得到的从海量冗余杂乱的信息中高效筛选关键信息的重要手段，对信息处理的效率与相应准确性的提升都有关键的作用。

深度神经网络中的注意力机制的目的也是从众多信息中突出和强化对当下目标任务更关键的核心信息，同时抑制边缘信息。它最早在机器翻译领域被提出（Vaswani et al.，2017），最近几年在深度学习各个领域被广泛使用，包括生物信息学及计算生物学（Singh et al.，2017）。

注意力机制可以抽象为图 2-8 所表示的过程。将长度为 L 的输入信息（这里记为 Source）中每个位点上的数据都抽象为由相应 Key 值与 Value 值组成的数据对，则输出（这里记为 Target）中特定位点（这里记为 Query）所对应的 Attention 值为：Query 与各个 Key 的相似性对其 Value 的加权

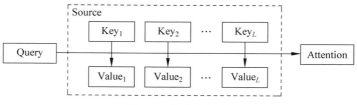

图 2-8 注意力机制

求和,用公式表示为

$$\text{Attention}(\text{Query},\text{Source}) = \sum_{i=1}^{L} \text{Similarity}(\text{Query},\text{Key}_i) \cdot \text{Value}_i$$

(2-21)

近些年来,除上文中提到的注意力机制外,还发展出了自注意力(self-attention,也称 intra-attention)。与普通的发生在内容不一样的输入 Source 和输出 Target(比如英译汉任务中,Source 为英文内容,Target 为对应的汉语翻译)上的注意力机制不同,自注意力机制发生在 Source(此时 Source 即为 Target)内部元素之间。此外,其大体的本质思想和计算方式与普通注意力机制是基本一致的。无论是何种注意力机制,在其被添加到主体神经网络后,都可以与主体神经网络一起接受端到端的训练,从而通过诸如梯度的反向传播等算法优化其内部参数。

2.4.3 分子动力学模拟

分子动力学模拟(molecular dynamics simulation,MDS)是指使用接近实验情况的模拟条件及合适的经验力场,反复对蛋白质分子与溶剂分子中原子的牛顿运动方程进行求解,记录相应的运动轨迹及其代表的构象变化,进而从原子水平观察体系的变化过程、揭示生物化学反应发生的机理、探究蛋白质功能变化对应的结构规律的一类计算机模拟方法。影响蛋白质结构折叠的作用力主要有静电相互作用、疏水作用、氢键、范德华力等,这些作用力的统计模型组成了分子动力学模拟中的经验力场,更进一步则可以得到蛋白质的势能模型。在热力学定律的指导下,体系的变化总是会趋向于能量最低的状态,这个状态一般被认为是最稳定的状态。

在蛋白质的研究中,分子动力学模拟是很多情况下连接实验现象(如蛋白质的特定功能)与理论机制(相应蛋白质结构的变化)的纽带,为相关领域的研究提供了分析问题的窗口与途径。除了蛋白质相关的研究外,分子动力学模拟在化学及材料等学科的研究中也逐渐承担着愈发重要的作用。

2.4.4 排序学习

信息检索(information retrieval,IR)、自然语言处理(natural language processing,NLP)和数据挖掘(data mining,DM)领域中的许多任务,其本质都是排序问题。排序学习(learning-to-rank)是机器学习的一个重要子领域,其所研究的内容是与"如何从数据中自动构建排序模型"相关的方法和理论（Burges et al.，2005；2006；Lin，2009）。排序学习通常被抽象为一个有监督的学习任务。在一般的训练过程中，训练集包括多个由不同的待排序对象组成的对象集，以及每个对象集的全部或者部分的真实排序。在预测时，对于一个新的对象集，训练好的排序模型会根据一定的算法创建这个对象集中所有对象的排序列表。

在过去的十年里，研究者对排序学习进行了深入的研究，提出了许多排序学习算法，如 AdaRank（Jun and Hang，2007）、RankNet、LambdaRank 及 LambdaMART（Burges，2010；Wu et al.，2010）等。根据训练时所使用损失函数的不同，这些方法可以分为单点排序法（pointwise）、两两比较法（pairwise）及列表排序法（list-wise）。这些排序学习算法应用广泛，其中一些，如 LambdaMART 等，是目前一些商用网络搜索引擎中的核心算法。

第3章 多层级架构的深度神经网络对蛋白质残基接触的预测

3.1 引　　言

蛋白质残基接触预测及其最直接的应用，即残基接触辅助蛋白质折叠，已成为结构生物信息学中最具挑战性和最受关注的问题之一。大量研究和实验表明，真实的残基接触图谱能够为成功重建蛋白质三维结构提供足够多的有效信息(Vassura et al.，2008)。

具体来说，蛋白质的残基接触信息不仅可以集成到打分函数中，用以改善在基于模板的蛋白质结构预测中相关模板的选择(Miller and Eisenberg，2008)，或者用于完善基于模拟的蛋白质结构预测中的势能函数(Ovchinnikov et al.，2018)，而且还可以用作距离约束来大幅提高后续算法在蛋白质构象空间中对有效构象采样的效率。甚至，一些研究可以通过蛋白质的残基接触信息直接搭建其三维结构模型(Adhikari et al.，2015；Adhikari and Cheng，2018a)。

随着相关领域的发展，蛋白质残基接触预测已成为近些年蛋白质结构预测大赛(CASP)中的常规类别和重要评估手段(Moult et al.，1995)。尤其值得关注的是，CASP12竞赛中所报告的蛋白质结构预测方面的实质性进步主要是由蛋白质残基接触预测的强势进展而驱动的(Schaarschmidt et al.，2018)。

从蛋白质的一级结构(其氨基酸序列)出发预测蛋白质的残基接触，当前流行的算法可大致分为两类：第一类是基于有监督的机器学习方法(Adhikari et al.，2018b；Hanson et al.，2018；Jones et al.，2015；Wang et al.，2017b；Xiong et al.，2017)；第二类是纯粹基于共进化信息分析(evolutionary coupling analysis，ECA)的方法(Jones et al.，2012；Kamisetty et al.，2013；Morcos et al.，2011；Seemayer et al.，2014)。对于第二类方法而言，其假定存在接触的残基对在长期进化中应表现出相互关

联的突变,那么这些突变会反映在多序列比(multiple sequence alignment,MSA)中。

尽管第二类方法取得了巨大的成功,但对于同源序列数目有限甚至稀少的蛋白质序列来说,该方法却常常束手无策(Kamisetty et al.,2013;Ma et al.,2015)。作为对比,基于机器学习的方法通常吸收各种信息作为输入特征,包括通过基于 ECA 的方法估计的共进化信息。基于机器学习的方法在最近发展迅速,受到了广泛的关注与研究。

在过去的几年中,出现了许多具有相似结构与流程但是包含不同创新思路的预测方法,包括 RaptorX-Contact(Wang et al.,2017b)、DNCON2(Adhikari et al.,2018b)及 SPOT-Contact(Hanson et al.,2018)等。在他们的报道中,这些方法的预测能力显著超过了 CASP12 中最好的预测方法。其中,RaptorX-Contact 使用两个连接在一起的深度残差神经网络来有效地利用一维信息(如目标蛋白质的序列信息及预测得到的二级结构信息等)和二维信息(如共进化信息及成对的统计势能等)进行蛋白质残基接触的预测。DNCON2 由几个卷积神经网络模块组成,具体来说,DNCON2 先训练了五个 CNN 模块以在氨基酸残基对距离的不同阈值处产生初步的预测结果,之后使用一个额外的 CNN 模块来组合这些初步结果以产生最终的残基接触预测。至于 SPOT-Contact,其采用了混合的深度网络架构,先将准备好的输入特征喂入 ResNet 中,然后将输出信息流过一个二维的双向 ResLSTM 模型进行进一步处理,以得到最终的预测结果。

熊等的研究(DeepConPred)可以达到与 CASP12 比赛中最好的方法相当的预测性能(Xiong et al.,2017)。本研究在其基础上进行了大量的优化与修改,实现了方法更新、性能更强、运算更快的全新版本 DeepConPred2。此外,本研究还开发了用户友好的 DeepConPred2 在线服务器。

3.2　数据集、网络模型与训练方法

3.2.1　数据集的处理

在这项工作的训练集处理上,本研究合并了之前熊等在其研究中使用的训练集和测试集(Xiong et al.,2017)。具体来说,这项工作的训练集中的所有蛋白质均来自 SCOPe 数据库的 2.05 版本(Fox et al.,2014)。对于原始数据库中的序列,在以 20% 的序列相似性作为阈值消除冗余之后,对于某些蛋白质超家族中还存在多条蛋白质序列的情况,本研究只保留

其中一条蛋白质,通过这样的方法确保训练集中成员在折叠拓扑方面的代表性。经过这样的处理后,本项工作的训练集中包含 3443 个蛋白质结构域。

在测试集的准备上,这项工作首先构建了一个由 77 个蛋白质结构域组成的独立测试集,它们分别属于训练集之外的不同蛋白质超家族。具体来说,这项工作提取了 SCOPe 数据库 2.07 版本(Chandonia et al.,2017)中相比于 SCOPe 数据库 2.05 版本新发布的蛋白质超家族中的蛋白质,剔除了长度不足 50 个残基的、同一个结构文件(PDB 文件)中包含多个结构的、缺少相应骨架原子的那些蛋白质后,以和处理训练集相同的手法(即以 20% 序列相似性阈值从训练集中删除冗余的蛋白质,每个超家族中只保留一条蛋白质)组成了测试集。

除了独立的测试集外,本研究还采用了 CASP11 和 CASP12 蛋白质集合作为测试集,以客观地评估本研究的模型相对于先前版本及世界范围内同领域的其他优秀程序的性能。在将本研究的模型与世界上其他最新的、效果最好的程序进行比较时,主要针对 22 个在当时(2018 年 9 月)可以得到结构的 CASP12 自由建模(free modelling,FM)蛋白质进行了评估。这些 FM 蛋白质因为缺少同源序列和相应的模版,因此被认为是蛋白质结构从头预测中最困难的目标之一。在针对 FM 蛋白质的评估结束后,本研究将相应的评估扩展到所有在当时(2018 年 9 月)可以获得结构的 CASP12 蛋白质上,新增 31 个基于模板建模(template-based modelling,TBM)蛋白质。

3.2.2 网络架构概述

首先给出这部分工作的整体网络架构并进行概述,之后再对每个部分做详细介绍。与熊等先前的研究(DeepConPred)类似,本研究的抽象也分为三个阶段,每一个阶段用一个独立的模块来实现相关的过程与功能,如图 3-1 所示。

在第一个阶段(模块),本研究采用了深度信念网络的模型架构预测蛋白质的二级结构元素(secondary structure elements,SSE)之间是否存在接触。

在第二个阶段(模块),本研究整合了第一个模块的输出及其他相应的输入特征,仍然选择深度信念网络的模型架构,将整合后的特征加以计算来粗略预测蛋白质的残基接触情况。这里值得注意的是,在第二个模块中,本研究分别开发了架构类似的不同 DBN 来处理长距离(即在蛋白质序列上

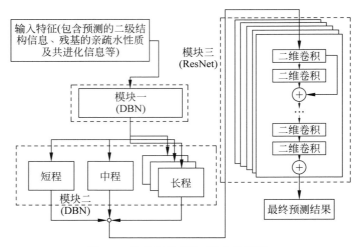

图 3-1 整体网络架构(见文前彩图)

DeepConPred2 的整体网络架构分为 3 个模块,不同的模块使用黑色虚线框及红色字体标出。图中清楚地展现了不同模块的组成内容,其中,某一模块的主要网络架构选择也在相应位置标出

的序列间隔≥24)、中等距离(12≤序列间隔≤23)和短距离(6≤序列间隔≤11)的残基对之间相互接触的预测。

在第三个阶段(模块),本研究将来自第二个模块的所有三类接触的预测结果及相关共进化信息进行整合之后,采用深度残差网络代替 DBN,来进一步完善和调整对于蛋白质残基接触的预测,以得到最终结果。

3.2.3 模块一

相比于熊等之前的工作 DeepConPred,本研究在第一个模块中更新了很多输入特征。例如,本研究使用 Spider3(Heffernan et al.,2017)对蛋白质的二级结构进行预测,用其代替之前使用的 SSpro(Magnan and Baldi,2014)。同时,本研究采用 CCMpred 软件(Seemayer et al.,2014)计算共进化信息,摒弃了之前使用的 plmDCA(Ekeberg et al.,2013)。就 DBN 模型来说,本研究在第一个模块采用的整体架构相较于之前的沙漏形状(每层网络的神经元个数为 700-200-700)更改为更加平衡的桶状结构(400-400-400)。其中输入特征向量的维数是 133 维,而输出的预测向量的维数为 3 维,包括二级结构之间的正平行接触、反平行接触,以及不接触的概率。

3.2.4 模块二

之前的工作 DeepConPred 仅预测蛋白质的远程残基对(即在蛋白序列上间隔超过 23 个残基的)的接触情况。本研究除预测远程残基对的接触外,还使用 DBN 架构对短距离(即在蛋白序列上间隔在 6～11 个残基之间的)和中距离(即在蛋白序列上间隔在 12～23 个残基之间的)残基对的接触进行预测。

短程、中程和远程模型所使用的特征非常相似。相比于 DeepConPred,本研究更新了许多特征的来源。例如,共进化信息的预测使用软件 CCMpred 代替之前的 plmDCA,二级结构和溶剂可及性的预测使用软件 Spider3 代替先前的 SSpro 和 ACCpro 等。

在本研究中,关于短程、中程和远程的 DNB 模型的整体架构均被调整为倒锥形的 800-700-600 架构。对于短程、中程和远程模型,输入特征向量的维数分别为 416、480 和 478,这和所使用的特征种类是有关的。在训练过程中,本研究使用了所有短程和中程样本来训练相应的短、中程 DBN 模型。但是,对于远程残基对接触情况的预测,由于其样本总数非常庞大,且成分主要是不存在接触的负样本,如果直接以这样的数据进行训练,模型将会产生很严重的过拟合现象,直接导致最终模型的鲁棒性与实用性。

因此,为了解决这一问题,本研究在训练远程 DBN 的时候保留了所有正样本,同时对负样本进行了下采样,将其比例保持在大约 1∶1。同时,为了避免过度训练,本研究又在损失函数中调整了正样本和负样本所对应的损失项的权重,以在模型训练中保持其原始比例。训练集的原始正负样本比率约为 1∶50。在实际操作中,本研究训练了三个 DBN 模型,其损失函数中正负样本的相对权重分别为 1∶40、1∶50 和 1∶60。之后,本研究将这三个模型整合为一个平均系综,将这个系综的输出作为第二个模块中远程残基对接触预测的结果。

选择将长程、中程与短程残基对用不同的网络分开训练与预测的原因是,序列间隔的差异导致了它们性质上的差异。根据统计结果,接触与非接触的比率在不同序列间隔类别中存在显著差异。

同时,在后续测试中发现,使用其中一个序列间隔类别数据训练出的模型预测另一个类别的接触会造成较为明显的性能下降,这在某种程度上也说明了不同序列间隔类别的模式彼此并不相似。

3.2.5 模块三

本研究在第三个模块中训练了五个 ResNet 模型。这些模型的架构彼此之间稍有差异。最后，将这些模型做成一个平均系综得到最终对于整个蛋白质的残基接触情况的预测结果。

每个 ResNet 模型的输入特征包括来自第二个模块的结果、目标残基对在整体的残基接触图谱中的位置、从 Spider3 软件预测的二级结构信息及 CCMpred 提供的共进化信息等。在训练第三个模块中 ResNet 模型时，本研究将每个蛋白质都当作一个批量（batch）来进行训练。

因此，输入的特征图的尺寸为 $1\times L\times L\times 9$，其中 L 是目标蛋白质的长度，9 是一个像素点（即目标残基对）所对应的特征数量。对于每个卷积层，本研究都采用了 64 个 3×3 大小的二维卷积滤波器。同时，卷积步幅被设置为 1，补零（zero padding）模式被设置为 same。这样一来，随着信息在网络中向前流动，所有卷积层的特征图（feature map）都具有与原始输入相同的形状（即 $L\times L$）。

在第三个模块的 ResNet 模型中，Leaky-ReLU 激活函数被用作完成每个卷积层的非线性转换。ResNet 的深度从 50 到 80 不等。通过许多残差块（block）的堆叠，每堆叠一次，卷积特征图上同一个位点的感受野就扩大一点，这样，即使本研究使用的卷积核较小（大小为 3×3），最终的网络也可以捕获在序列上间隔很远的残基对的相互关系（处于同一感受野内），进而对其是否存在接触做出较为准确的预测。

值得注意的是，由于训练残差神经网络模型时相应算卡的显存限制，在训练模型时，本研究对输入蛋白的序列长度设限。具体为，对于输入序列小于 400 个氨基酸的蛋白质，直接用其训练而不做任何额外处理；对于超出此限制的蛋白质（在训练集中有 128 个这样的结构域），则随机选择 4 个重叠的大小为 400×400 的子图作为输入进行训练（也即输入裁剪，cropping）。

3.3 结果与讨论

在训练过程中，本研究严格使用 5 折交叉验证对所有超级参数进行了搜索和调优。在训练结束后，本研究在三个测试集上进行了算法性能的评估。这三个测试集均在上文中有较为详细的描述，分别是由 SCOPe 数据库 2.07 版本中提取的相较于其 2.05 版本中新的非冗余蛋白质构成的独立测试集、CASP11 测试集和 CASP12 测试集。

根据 CASP 比赛官方的标准定义，一对残基的两个 C_β 原子之间的欧几里得距离如果不大于 8.0 Å，那这对残基就被认为存在相互接触。按照 CASP 的相关评分标准，本研究选择预测打分最高的 $L/10, L/5, L/2$ 和 L 个残基对的准确率（Precision）作为主要评估指标，其中 L 是被测蛋白质的长度。Precision 为预测结果中真正存在接触的残基对（TruePositives）占所有预测为存在接触的残基对的比例，具体的计算方法为

$$\text{Precision} = \frac{\text{TruePositives}}{\text{TruePositives} + \text{FalsePositives}} \tag{3-1}$$

3.3.1 平均系综对网络性能的提升

从上面的介绍中可以看到，平均系综被用在 DeepConPred2 的第二个和第三个模块中。这里以第三个模块的 ResNet 网络为例，说明平均系综所带来的性能提升。表 3-1 记录了不同 ResNet 模型及最后平均系综的架构情况和最后的在交叉验证中的模型表现。

表 3-1 模块三中 **ResNet** 模型在交叉验证中的表现

	神经网络层数	激活前置或者后置	**F1-score**
模型 1	50	前置	0.5419
模型 2	60	前置	0.5527
模型 3	70	前置	0.5495
模型 4	80	前置	0.5561
模型 5	80	后置	0.5508
平均系综	上面 5 个模型的平均结果		0.5711

表 3-1 中，F1-score 的计算方式为

$$\text{F1-score} = \frac{2 \times \text{Precision} \times \text{Recall}}{\text{Precision} + \text{Recall}} \tag{3-2}$$

其中，Precision 在上文中已经介绍过；Recall 则是指预测结果中真正存在接触的残基对（TruePositives）占所有真正存在接触的残基对的比例，具体的计算方法为

$$\text{Recall} = \frac{\text{TruePositives}}{\text{TruePositives} + \text{FalseNegtives}} \tag{3-3}$$

平均系综是很常用的机器学习手段,因为其可以使模型的泛化性增强、减少训练集对预测的影响、降低过拟合程度,在这个领域中,著名的 RaptorX-Contact 和 SPOT-Contact 中也使用了平均系综。在本研究的例子中,由于网络架构的不同,参数初始化方式不一样(或者初始化的随机数种子不同),数据输入来源及其他一些因素的变化、系综中的每个网络所捕获的信息及能够识别的模式都略有不同,平均系综利用这些信息与模式之间的互补性提高性能。在上文的式(2-20)附近对平均系综的理论推导作了较为详细的介绍。

3.3.2 与旧版的性能对比

在所有三个测试集上评估了 DeepConPred2 相对先前熊等的旧版的性能优劣。大体而言,与旧版本的 DeepConPred 相比,新版本主要有三个方面的修改。首先是第一个和第二个模块中 DBN 模型输入特征的更新及这两个模块网络架构的调整(这里简记为变化 A),其次是在第二个模块中添加了对短程和中程残基对接触情况的预测(分别使用了不同的网络,这里记为变化 B),最后是在第三个模块中采用深度残差神经网络对第二个模块的结果进行优化调优(这里简记为变化 C)。本节中,粗略估计了这三方面的改变在独立测试集上对远程残基对接触情况的预测性能改善的贡献。如表 3-2 所示,变化 A 带来的性能改变最为显著(约 16 个百分点的上升),其次是变化 C,贡献了约 10 个百分点的上升,最后是变化 C,其贡献则相对较小。

表 3-2 不同改变对预测性能改善的贡献

逐步增加的改变	L/5	L/2	L
DeepConPred	0.4061	0.3414	0.2993
加上变化 A	0.5681	0.5065	0.4429
在变化 A 的基础上加变化 B	0.5812	0.5183	0.4471
同时添加变化 A、B 和 C（DeepConPred2）	0.7067	0.6294	0.5378

正如上文中提到的那样,熊等的旧版只能预测远程残基对是否存在接触,而本研究对应的新版则没有这样的限制。表 3-3、表 3-4 和表 3-5 分别为 DeepConPred2 和 DeepConPred 在独立测试集、CASP11 测试集和

CASP12 测试集上的性能表现。

表 3-3 在独立测试集上的性能评估

残基对序列间隔	预测程序	$L/10$	$L/5$	$L/2$	L
短程	DeepConPred2	0.7539	0.6667	0.5134	0.3622
	DeepConPred	—	—	—	—
中程	DeepConPred2	0.6926	0.6176	0.4871	0.3806
	DeepConPred	—	—	—	—
长程	DeepConPred2	0.7411	0.7067	0.6294	0.5378
	DeepConPred	0.5517	0.4061	0.3414	0.2993

表 3-4 在 CASP11 测试集上的性能评估

残基对序列间隔	预测程序	$L/10$	$L/5$	$L/2$	L
短程	DeepConPred2	0.8345	0.7479	0.5680	0.3978
	DeepConPred	—	—	—	—
中程	DeepConPred2	0.7881	0.7314	0.6135	0.4617
	DeepConPred	—	—	—	—
长程	DeepConPred2	0.7315	0.7126	0.6619	0.5695
	DeepConPred	0.5306	0.4335	0.3813	0.2935

表 3-5 在 CASP12 测试集上的性能评估

残基对序列间隔	预测程序	$L/10$	$L/5$	$L/2$	L
短程	DeepConPred2	0.7075	0.6689	0.5152	0.3600
	DeepConPred	—	—	—	—
中程	DeepConPred2	0.6966	0.6568	0.5211	0.3860
	DeepConPred	—	—	—	—
长程	DeepConPred2	0.7039	0.6960	0.6225	0.5310
	DeepConPred	0.5157	0.4400	0.3138	0.2579

可以看到,不论选择用什么样的评估范围(即预测打分最高的 $L/10$, $L/5$, $L/2$ 还是 L),DeepConPred2 在所有三个测试集上的性能均显著优于 DeepConPred。例如,对于 DeepConPred 而言,选择预测打分最高的 $L/5$ 个远程残基对进行评估,其在独立测试集、CASP11 测试集和 CASP12 测试

集上的预测精度(Precision)分别达到 40.61%,43.35% 和 44.00%,相对地,使用同样的测试对象与测试指标,DeepConPred2 将相应的性能数值分别提升到 70.67%,71.26% 和 69.60%。同样从表中可以看出,本研究开发的 DeepConPred2 在三个不同的测试集上的性能表现相对均衡稳定,这足以证明其预测对不同来源的目标蛋白是具有鲁棒性的。

除了性能数据上的改善以外,DeepConPred2 也基本解决了旧版本预测结果中高噪声水平的问题,可以产生与真实残基接触图谱类似的预测结果。例如,对 PDB 编号为 1A3A 的蛋白质来说,DeepConPred 会生成带有严重栅格样噪声的预测结果,这些噪声会覆盖真正有用的残基接触信息,如图 3-2(a)所示。通过上文中提到的手段(主要是在第二个模块中使用带有加权的损失函数和最后用到的平均系综等),DeepConPred2 有效地消除了这些栅格状的噪声。

这里,尝试将这个过程展示出来。对于蛋白质 1A3A,在第二个模块中调整正负样本在损失函数中的相应权重为 1∶20 的时候,预测得到的残基接触图谱相较于 DeepConPred 的结果就有很大的提升,如图 3-2(b)所示。在这个基础上,在第二个模块引入由正负样本损失比分别为 1∶40、1∶50 及 1∶60 的 DBN 构成的平均系综,得到的残基接触图谱的表现又会较之前有进一步的提升,如图 3-2(c)所示。

最终,通过第三个模块中的超深的 ResNet 组成的系综重新优化调整了相应的预测结果,DeepConPred2 产生的残基接触图谱(图 3-2(d))就会与从晶体结构根据定义直接导出的真实残基接触图谱(也即图 3-2(e))十分接近。

此外,DeepConPred2 基于 TensorFlow 框架(Abadi et al.,2016)的实现还可以使其使用 GPU 来加速预测所需要的运输。因此,尽管 DeepConPred2 所使用的模型相比于熊等的旧版更加复杂、单次预测所需的计算量更大,但其计算速度与之相比还是有较大的提升。本研究在 101 个 CASP11 蛋白质上测试了两个版本针对不同目标蛋白质的预测运行时间。

如图 3-3 所示,DeepConPred2 的运行速度提升显著,尤其是对于序列较长的目标蛋白质。例如,在目标长度为 456 时,DeepConPred2 比 DeepConPred 的耗时减少 104 s,有 28.6% 的提速(所需计算时间从 364.6 s 降低到 260.3 s)。

第 3 章 多层级架构的深度神经网络对蛋白质残基接触的预测

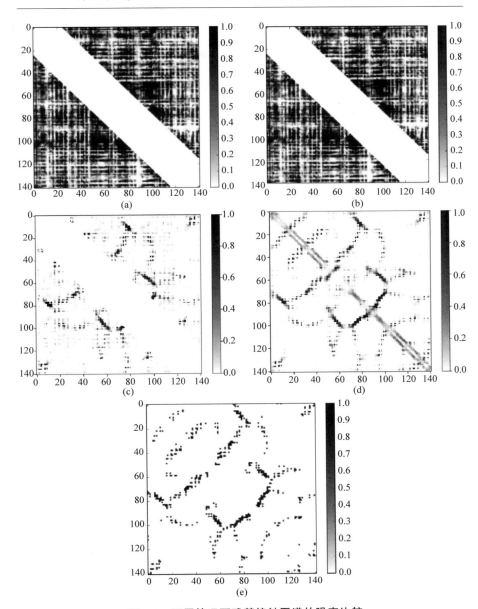

图 3-2 不同情况下残基接触图谱的噪声比较

(a) DeepConPred 预测得到的 1A3A 蛋白质的残基接触图谱,可以看出噪声水平很高;
(b) DeepConPred2 中第二个模块,当正负样本的损失比被设置为 1∶20 时得到的远程残基对的接触图谱;(c) DeepConPred2 中第二个模块使用了不同正负样本的损失比的平均系综之后得到的残基接触图谱;(d) DeepConPred2 的最终输出预测结果;(e) 1A3A 蛋白质真实的残基接触图谱

可以看到从(a)到(d),其噪声程度越来越低,越来越接近(e)

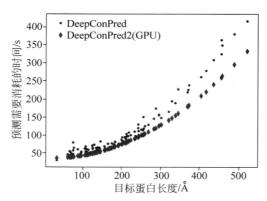

图 3-3 DeepConPred2 与旧版的预测运行速度比较

3.3.3 与当时该领域内其他前沿算法的性能对比

在本节中，首先将 DeepConPred2 与当时（2018 年 9 月）该领域的三个最前沿的算法，即 DNCON2、RaptorX-Contact 和 SPOT-Contact，在当时可以得到晶体结构的 22 个 CASP12 FM 蛋白质上进行比较。

如表 3-6 所示，DeepConPred2 在所有类别的比较中均胜过 DNCON2。例如，远程残基对的 Top $L/5$ 的精度对比为 57.56% 比 53.49%。

表 3-6 在 CASP12 FM 蛋白质上的性能比较

残基对序列间隔	预测程序	L/10	L/5	L/2	L
短程	DNCON2	0.5219	0.5145	0.3879	0.2807
	RaptorX-Contact	0.6871	0.5720	0.3583	0.2257
	SPOT-Contact	0.7220	0.6146	0.3994	0.2421
	DeepConPred2	0.6257	0.5849	0.4434	0.3190
中程	DNCON2	0.4698	0.4682	0.3837	0.2859
	RaptorX-Contact	0.6104	0.5341	0.3608	0.2364
	SPOT-Contact	0.7120	0.6195	0.4182	0.2699
	DeepConPred2	0.6091	0.5687	0.4263	0.3078
长程	DNCON2	0.5864	0.5349	0.4241	0.3378
	RaptorX-Contact	0.6765	0.5855	0.5115	0.3950
	SPOT-Contact	0.6758	0.6318	0.5269	0.4393
	DeepConPred2	0.6100	0.5756	0.4916	0.4127

与 RaptorX-Contact 相比,DeepConPred2 对远程残基对接触的预测性能与其相似。例如,DeepConPred2 与 RaptorX-Contact 的远程残基对预测的 Top L、$L/2$ 和 $L/5$ 的预测精度对比分别为 41.27% 对 39.50%、49.16% 对 51.15% 及 57.56% 对 58.55%。对于短程残基对和中程残基对接触的预测,DeepConPred2 相对 RaptorX-Contact 还稍占优势。其中,对于中程残基对接触的预测,DeepConPred2 与 RaptorX-Contact 的 Top L、$L/2$ 和 $L/5$ 预测精度对比分别为 30.78% 比 23.64%、42.63% 比 36.08% 及 56.87% 比 53.41%。对于短程残基对的接触预测,它们的对比则分别为 31.90% 比 22.57%、44.34% 比 35.83% 及 58.49% 比 57.20%。

DeepConPred2 相较于 SPOT-Contact 稍弱。例如,DeepConPred2 与 SPOT-Contact 的远程 Top L、$L/2$ 和 $L/5$ 预测精度对比分别为 41.27% 比 43.93%、49.16% 比 52.69% 及 57.56% 比 63.18%。

接着,又将比较扩展到在当时可以获得晶体结构的所有 53 个 CASP12 蛋白上(与 RaptorX-Contact 和 SPOT-Contact 的比较见表 3-7)。由于 DNCON2 的网络服务器不知何种原因无法使用,因此,与 DNCON2 的比较仅限于 35 个在其网站上可以下载预测结果的蛋白质,相关的比较见表 3-8。

表 3-7 在 CASP12 蛋白质上不同预测程序的性能比较(DNCON2 除外)

残基对序列间隔	预测程序	$L/10$	$L/5$	$L/2$	L
短程	RaptorX-Contact	0.7601	0.6667	0.4293	0.2637
	SPOT-Contact	0.7711	0.6886	0.4508	0.2756
	DeepConPred2	0.7075	0.6689	0.5152	0.3600
中程	RaptorX-Contact	0.7442	0.6833	0.4730	0.3048
	SPOT-Contact	0.7747	0.6941	0.5030	0.3189
	DeepConPred2	0.6966	0.6568	0.5211	0.3860
长程	RaptorX-Contact	0.8091	0.7268	0.6532	0.5323
	SPOT-Contact	0.7945	0.7412	0.6553	0.5315
	DeepConPred2	0.7039	0.6960	0.6225	0.5310

表 3-8 在 CASP12 蛋白质上与 DNCON2 的性能比较

残基对序列间隔	预测程序	$L/10$	$L/5$	$L/2$	L
短程	DNCON2	0.5305	0.5244	0.4028	0.2975
	DeepConPred2	0.6592	0.6391	0.4846	0.3395

续表

残基对序列间隔	预测程序	$L/10$	$L/5$	$L/2$	L
中程	DNCON2	0.5364	0.5282	0.4277	0.3193
	DeepConPred2	0.6513	0.6165	0.4734	0.3501
长程	DNCON2	0.6010	0.5496	0.5005	0.4254
	DeepConPred2	0.6393	0.6308	0.5396	0.4563

与之前的比较结论相似的是，DeepConPred2 的预测性能优于 DNCON2，但和 SPOT-Contact 相比略逊一筹。不同的是，也许是因为对 TBM 蛋白质（这些蛋白质因为同源模板较多）的预测能力较强，在这次的比较中，RaptorX-Contact 的性能略胜于 DeepConPred2，接近 SPOT-Contact。

总的来说，DeepConPred2 对蛋白质残基接触的预测精度很高，尤其是对于那些在传统方法中相对较难预测的 FM 蛋白质。因此，它可以被视为在当时（2018 年 9 月）性能最好的残基接触预测程序之一。

应当注意的是，序列数据库的更新与扩大，尤其是宏基因组序列数据的引入，会对当前现行的残基接触预测程序的预测性能有很大的提高作用。所以，通过数据库的更新，本研究所开发的 DeepConPred2 的性能应该会进一步提高，尤其是对于那些 TBM 蛋白质。因为对于 TBM 蛋白质来说，一般都能从宏基因组数据中识别并提取出更多的同源序列，从而为预测提供更多有效信息。

3.3.4 残基接触辅助蛋白质折叠的评估

为了进一步比较来自不同预测程序的蛋白质残基接触预测在后续的蛋白质折叠（也即实际的蛋白质结构预测）中的效果，在本节中，使用 CONFOLD 程序（Adhikari et al.，2015）进行蛋白质的折叠。CONFOLD 程序的核心是 CNS-suite（Brünger et al.，1998），使用预测得到的残基接触图谱中得分最高的前 N 个残基对，将其距离限制在 3.5~8 Å，之后通过一定的分子动力学模拟，在构象空间中找出尽可能满足这样约束的结构作为输出。

本研究使用了 CONFOLD 建议的默认参数（如将 Top2L 打分的残基对视为存在接触，从而添加相应的距离约束等），分别使用 DeepConPred2、DNCON2、RaptorX-Contact 和 SPOT-Contact 的预测结果作为输入，先对 22 个 CASP12 FM 蛋白质进行折叠，之后将比较扩大到当时能得到真实结构的整个 CASP 12 蛋白集上。在比较的过程中，对每个蛋白质来说，本研究从 CONFOLD 提供的全部 5 个结构模型中选择相对天然结构具有最小 RMSD 的结构作为对应预测方法的最终折叠结果。

在之后的分析中,本研究先执行 Levene 检验以确保不同组(也即不同残基接触预测程序的折叠结果)的 RMSD 值之间等方差,然后进行双侧的配对 t 检验以检查不同组的结果之间是否存在显著差异。如表 3-9 所示,在 22 个 CASP12FM 蛋白质上,当置信度阈值为 0.1 时,使用 DeepConPred2 产生的残基接触预测结果作为输入的 CONFOLD 折叠结构显著优于相应使用 DNCON2 的结构,但与 RaptorX-Contact 或 SPOT-Contact 的结构没有显著差异。

表 3-9 不同残基预测程序在 CASP12FM 蛋白质上折叠结果的统计比较

配对 t 检验/Levene 检验	DNCON2(12.50)	RaptorX-Contact(11.82)	SPOT-Contact(10.43)
DeepConPred2(11.60)	0.07238/0.9463	0.8031/0.6597	0.1145/0.8913

注:配对 t 检验和 Levene 检验的 P 值分别列在斜线前后。括号中的数字是对应残基接触预测程序在 22 个 CASP12FM 目标蛋白质上折叠结果的平均 RMSD 值。

除此以外,根据不同的评价指标(RMSD、TM-score 和 GDT-TS),还在这 22 个蛋白质上对 CONFOLD 使用 DeepConPred2 与使用其他三种方法生成的结构之间进行了成对比较,结果如图 3-4 所示。

显然,在残基接触预测对蛋白质折叠的辅助方面,DeepConPred2 的性能优于 DNCON2,并与 RaptorX-Contact 较为相似。尽管 SPOT-Contact 略占优势,但 DeepConPred2 可以在蛋白质折叠时提供补充信息。DeepConPred2 在小蛋白质上优于 SPOT-Contact,但在大蛋白质上表现不佳。这种现象也许是用两种方法在训练时,训练集的平均蛋白质长度有所差异导致的。同时,为了对使用这些方法生成的结构进行全面而系统的比较和评价,还进行了 Deming 回归和 Passing-Bablock 回归分析(附录 A 中的表 A-1~表 A-3)。有趣的是,这两种统计检验都否认了这四种方法之间存在显著差异。

之后,将 CONFOLD 折叠测试扩展到所有在当时能得到真实结构的 CASP12 蛋白质上,详细结果如附录 B 中的图 B-1 所示。在成对比较中,尽管 CONFOLD 用这四种方法产生的蛋白质结构质量总体上是一致的,但是图中点的分散分布说明了这些方法之间存在信息上的互补性。

与之前在 22 个 FM 蛋白质上的比较相同,Deming 回归和 Passing-Bablock 回归分析(附录 A 中的表 A-4~表 A-6)表明这四种方法在残基接触预测对蛋白质折叠的辅助方面具有类似的效果。

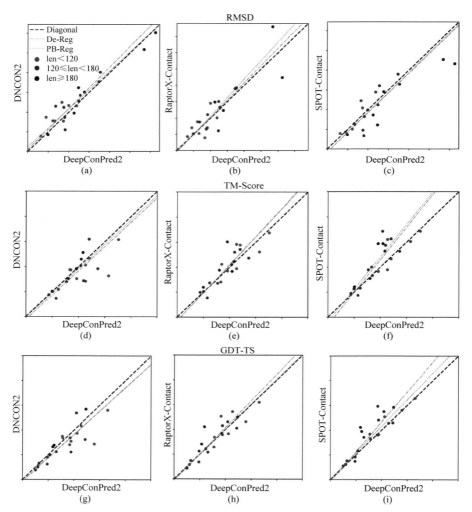

图 3-4 在 CASP12FM 蛋白质上 CONFOLD 折叠结果的成对比较（见文前彩图）

从（a）至（c）为 RMSD 的两两成对比较，从（d）至（f）为 TM-Score 的两两成对比较，从（g）至（i）为 GDT-TS 的两两成对比较。横纵坐标分别表示 DeepConPred2 与其他三种蛋白质残基接触预测程序。图中，黑色的虚线表示对角线，绿色表示 Deming 回归线，紫色表示 Passing-Bablock 回归线。每一个蛋白用一个点表示，其中红色表示短蛋白质，蓝色表示中等长度的蛋白质，黑色表示长蛋白质

这里从案例分析上对 DeepConPred2 预测结果相较于其他方法的互补性做出补充说明。这种互补性，或者说这些互补信息，在残基接触预测辅助蛋白质折叠中将会很有用处。以 CASP12 蛋白质中的目标 T0911-D1 为

例,T0911-D1 是一个具有 417 个残基的蛋白质结构域。相比于 SPOT-Contact,DeepConPred2 针对 T0911-D1 的预测结果提供了更多的远程接触信息,如图 3-5 所示。这些补充信息可以帮助 CONFOLD 更准确地限制相应的构象搜索空间,从而大大提高其折叠的结构质量,如图 3-6 所示。

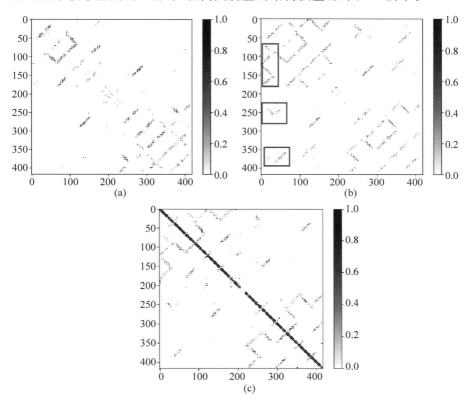

图 3-5 SPOT-Contact 和 DeepConPred2 的预测互补性示例(以 CASP 12 中的蛋白质 T0911-D1 为例)

(a) SPOT-Contact 的预测结果;(b) DeepConPred2 的预测结果,其中相较于 SPOT-Contact 的补充信息(远程)由红色矩形标记;(c) 从晶体结构中直接根据定义计算导出的真实残基接触图谱,此图为笔者绘制

本研究认为,目前这个领域的研究重点可能需要从简单比较不同预测方法之间的 Top L/k (L 表示目标的序列长度,$k=\{1,2,5,10\}$)性能,转移到相应的预测结果如何改善后续的残基接触辅助蛋白质折叠的应用上。基于上面介绍的结果,一个简单并可行的尝试是利用最新预测方法之间的互补性。这种互补性的有效利用将直接有益于蛋白质结构预测。当然,更重

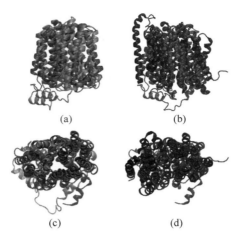

图 3-6 DeepConPred2 和 SPOT-Contact 预测结果的差异带来的结构建模上的差异（见文前彩图）

以 CASP 12 中的蛋白质 T0911-D1 为例，比较经过 CONFOLD 折叠之后的蛋白质三维结构的差异。红色是真实的蛋白质结构，蓝色是从 SPOT-Contact 的预测结果出发得到的结构，青色是从 DeepConPred2 得到的相应结构。(a)和(b)是从正面看，而(c)和(d)是从顶部看

要的是，不应该仅将这些预测模型视为一个黑匣子，而是要研究它们究竟从什么输入信息中学到了什么样的规律，从而得到一些结构生物学领域的启发。探究不同方法之间的差异与其输出结果的互补性关系可能是这个方向的一个突破口。

3.4 小　　结

本研究在实验室之前工作的基础上提出并实现了一个新的蛋白质残基接触预测程序——DeepConPred2。它可以从一个蛋白质序列出发，从头预测蛋白质的残基之间是否存在接触。与以前的版本相比，DeepConPred2 的性能显著提高。例如，对于 CASP12 蛋白质来说，Top $L/5$ 残基对接触的预测精度从旧版的 44.0% 上升至新版 DeepConPred2 的 69.6%，并且可以达到在当时（2018 年 9 月）与领域内其他顶尖方法（包括 RaptorX-Contact，DNCON2 和 SPOT-Contact）相当的水平。此外，DeepConPred2 的实现允许其采用 GPU 加速运算，这减少了预测所需的时间，尤其是对于序列较长的目标蛋白质。本研究还开发了用户友好的 DeepConPred2 网络服务器。

尽管 CASP12 比赛之后,该领域形成了一个普遍的共识:使用共进化信息和超深的深度神经网络已将蛋白质残基接触预测的准确性提升到了一个全新的水平上(Schaarschmidt et al.,2018)。但在本研究中,通过相应的分析认为,不同的残基接触预测程序之间的性能差距没有线性地反映在它们对蛋白质结构预测的实际贡献中,至少在使用 CONFOLD 来利用残基接触预测进而辅助蛋白质结构的折叠中是这样。

虽然应该使用其他更多的折叠程序来验证这个结论,但本研究仍然可以提出一个合理的怀疑,也就是,只要残基接触预测的准确性超过某个阈值,其准确性的进一步提高对蛋白质结构折叠的贡献程度不会随之有相应幅度的提高。因此,本研究认为,如何有效地利用预测的残基接触信息是该领域下一步要着重研究的方向。例如,将各种最新的残基接触预测程序结果中的互补信息结合起来使用,以及将残基接触预测程序的结果与传统的蛋白质结构预测方法结合,可能会进一步提高当前的蛋白质结构预测水平,突破现有的瓶颈。

第 4 章　生成式对抗网络对蛋白质残基间实值距离的预测

4.1　引　　言

根据 1973 年提出的 Anfinsen 法则(Anfinsen,1973),蛋白质的三维结构主要是由其氨基酸残基的排列顺序决定的。因此,从那之后,探索蛋白质的序列、结构及相应功能之间的关系就一直是分子生物学和生物物理学最核心的问题之一。通过计算手段预测蛋白质的结构具有运行成本低廉、可根据计算资源情况分布式部署,进而可以在实际使用中高通量应用等优势。近年来,相关研究得到了越来越多的关注,有了令人惊喜的发展,也在诸如蛋白质设计、药物开发等实际场景中被广泛使用(Dill and MacCallum,2012)。

传统的方法主要是使用以经验力场为主导的分子动力学模拟对蛋白质的构象空间进行详尽耗力的搜索,以及使用基于"片段组装"(fragment assembly)或者"穿线法装配"(threading assembly)的蒙特卡罗方法,用真实结构(实验解析手段确定的分子结构)作为模板,之后强迫目标蛋白质的片段采用这些模板的构象用以装配完整的目标蛋白质结构(Jothi,2012;Leaver-Fay et al.,2011;Yang et al.,2015)。

尽管这些传统方法已经取得了巨大的成功,但其对新出现的那些拓扑结构复杂且和已知结构的同源性又十分有限的目标较为乏力。例如,在 CASP 比赛中的自由建模蛋白质。此外,由于蛋白质的构象搜索空间通常具有极高的维度,因此这些传统方法一般都是十分消耗计算资源的。

蛋白质结构预测的准确性在 CASP11 和 CASP12 比赛(分别于 2014 年和 2016 年举办)中迎来了较大的突破(Moult et al.,2016;2018;Schaarschmidt et al.,2018),主要是由于参赛者使用了共进化信息和深度学习算法来预测蛋白质的残基接触(protein contact prediction)。相关内容已经在上文中详细地介绍过，在此不做赘述。

需要指出的是，预测蛋白质的残基接触只是在无法得到蛋白质残基间准确距离时的一种折中处理。蛋白质残基间的距离预测与简化的接触预测相比，在后续的蛋白质折叠上具有许多先天的优势。例如，残基间接触预测是一个正负样本极其不平衡的二元分类问题。在第 3 章中关于 DeepConPred2 的研究中发现，对于长程残基对（两个残基的序列间隔大于 24），存在残基间接触的和不存在接触的相应的数量比大约在 1∶50。面对这种情况，残基接触预测在模型训练时往往需要对负样本（不存在接触的残基对）进行降采样，这就会导致模型对一个残基对是否存在接触的预测打分与该残基对的实际接触概率不一致的问题，即无法用预测打分判断一个残基对是否接触。针对这一问题，残基接触辅助的蛋白质折叠方法（如有名的 CONFOLD 程序等）通常仅采用预测打分最高的那些残基对（如选取 Top L，其中 L 是目标蛋白质的序列长度，Top L 仅占所有残基对 $L \times L$ 量级的极小部分），粗暴地认为其存在接触并在后续的折叠中加以约束，而对其他残基对则没有相应的限制。这样的方法很容易受到少数错误的高分残基接触预测，也即噪声的影响。

直接预测残基间距离可以很好地避免上面说到的问题。例如，在本项研究中，所有距离预测在 4～16 Å 的残基对在进行后续的蛋白质折叠时都可以被加以相应的约束进而被利用。在大数定律的作用下，即使少数残基对的距离预测偏差较大，其引入的干扰也可以被稀释掉。更重要的是，相较于蛋白质的残基接触图谱，距离图谱包含更多更详细的蛋白质结构信息，因此可以更有效地减少蛋白质的构象搜索空间，从而更准确、快速地对其进行折叠。

因此，尽管蛋白质残基接触预测推动了这个领域的巨大进步，在 CASP13 比赛中，一些先行者还是果断放弃了接触预测而转向了距离预测，其中不乏这个领域中非常有名的研究组（Senior et al., 2019；Xu, 2019），如 AlphaFold（CASP13 比赛蛋白质三维结构预测类别中排名第一）和 RaptorX-Contact（CASP13 比赛蛋白质残基接触预测类别中排名第一）。尤其是 AlphaFold 将在 CASP13 中的成功主要归因于更准确的残基间距离预测（Senior et al., 2020）。

理想情况下，在从蛋白质残基接触预测转换为残基间距离预测的过程中，相应的任务性质应从之前的二分类问题转到彻底的回归问题上。因为残基接触实际上是一个人为定义的二元 1/0 标签，但是残基间距离则是一个用连续实值表示的物理度量。然而,无论是 AlphaFold 还是 RaptorX-Contact,它们都只是简单地将二元分类问题扩展到多元分类上去,即将连续的实值距离通过多个固定宽度的区间进行离散化,之后预测一个距离区间上的概率分布。

这样做的原因和好处主要有三点。

首先,目前在深度神经网络中被广泛使用的回归损失函数,如平均绝对误差(mean absolute error,MAE,也被称为 L1 损失)或者均方误差(mean squared error,MSE,也被称为 L2 损失),所衡量的都是预测与真实值之间的平均偏差。在网络的训练过程中,当这样的损失函数被最小化后,某个局部范围内的距离预测整体的平均相对于真值而言可能相当不错。但就单个残基对而论,其距离预测仍然和真值相差较远。这样的距离预测结果对蛋白质折叠的指导作用有限。如果需要针对特定的目的(如二级结构之间的摆放关系等)进行优化,通常需要在了解其本质的基础上花费大量的时间和精力设计专门的损失函数。但目前对蛋白质的折叠机制的了解仍然远远不够。

其次,目前在深度神经网络中广泛使用批处理归一化(batch normalization,BN)来解决其训练过程中的梯度消失或梯度爆炸问题。但是,BN 将前向传播的数据标准化为近似标准正态分布的分布,假如没有巧妙设计的映射函数,仅仅使用深度神经网络中常用的激活函数,那么其输出距离这样的连续正实数预测是无法实现的。

最后一点可能是,这些研究组已经拥有抽象、泛化能力强且经过良好训练与测试的蛋白质残基接触预测网络,那么他们可以方便地使用迁移学习技术获得令人满意的离散化距离预测网络。

与上述所有方法都不同的是,本研究采用生成式对抗网络(generative adversarial network,GAN)来直接预测蛋白质残基间的实值距离。GAN 是一类相对成熟的计算机视觉技术,其网络架构包含用于产生输出的生成器(generator)和用于将生成器生成的结果和真实的图片分类的鉴别器(discriminator)。通过对抗训练,生成器生成的图像不仅可以在大范围内均匀地接近真实图像,也会突出"重要"的像素点来构成清晰且具有锐利边缘的像素区域以欺骗鉴别器(Goodfellow et al.,2014;Isola et al.,2017;Ledig et al.,2017;Nowozin et al.,2016;Zhu et al.,2016)。

之前,Huang 等应用 GAN 解决蛋白质设计中的局部结构缺失问题(Anand and Huang,2018;Lan et al.,2020)。他们通过图像补全的方式,

用整体的 C_α 原子之间的距离图谱来生成缺失部分的距离图谱。尽管这项研究发现 GAN 的生成器可以有效地捕获二级结构元素,但是他们的模型无法根据序列生成任意大小的距离图谱,因此不能用于预测给定序列的蛋白质结构。

在本研究中,解决了通过 GAN 进行蛋白质残基间实值距离预测的所有障碍,并且首次以令人满意的精度预测了蛋白质残基间的实值距离。本研究的其他贡献包括引入了新的、具有生物学意义的数据增广方法以训练得到更鲁棒的网络模型。特别是在之前结构生物信息学研究通常忽略蛋白质动力学特性的情况下,采用分子动力学模拟对残基间的距离标签进行增广。此外,本研究设计了正实数与区间[−1,1]之间的可逆映射函数,方便深度神经网络对残基间距离的回归进行直接训练。本研究还系统性地分析了这一领域中各个环节的技术选择会带来的网络性能变化,总结了一些相应的经验。

4.2 数据集与特征生成

4.2.1 蛋白质数据集

在本研究中,训练集中的所有蛋白质均从 SCOPe 数据库的 2.05 版本(Fox et al.,2014)中提取出来。使用 20% 的序列相似性截断进行去冗余操作。之后,挑选出每个蛋白质家族中最短的一个组成最终的训练集,训练集总共包含 6862 条蛋白质。

在进行方法的性能评估时,使用了四个测试集,它们分别是 CASP12 蛋白集(Moult et al.,2018)、CASP13 蛋白集(Krysthafovych et al.,2019)、CAMEO 蛋白集(Xu,2019)和膜蛋白 PDBTM 数据集(Kozma et al.,2013),其中每个目标膜蛋白仅选择一条链用于评估。因为训练集中的蛋白质都是在 CASP12 和 CASP13 比赛及 CAMEO 蛋白数据集发行之前公布的,同时 PDBTM 数据集中的膜蛋白对于训练集而言是非冗余的,因此,在这些测试集上的评估与分析比较是相对来说较为公平的。

4.2.2 本研究需用到的输入特征

本研究需要用到的输入特征由零维、一维和二维特征组成,其中有相当一部分特征是从目标蛋白的多序列比对(MSA)中衍生出来的。本研究使用的 MSA 数据是通过程序 HHblits(Remmert et al.,2012)在 UniProt20

蛋白数据库(Bateman et al., 2017)中搜索得到并建立的。

蛋白质长度信息和 MSA 的序列深度信息构成了零维特征。DeepCNF 软件(Wang et al., 2015)和 SPIDER3 软件(Heffernan et al., 2017)的输出结果与 one-hot 编码的序列信息及 MSA 中相应位点氨基酸的出现频率等共同构成了一维特征。共进化信息(这里用 CCMpred 软件(Seemayer et al., 2014)从 MSA 中提取)、互信息、每个氨基酸位点相对于其他位点的相对位置及每个位点在 MSA 中的 gap 总量等构成了二维特征。

需要对零维特征和一维特征做空间增广(broadcast),使其形状大小可以和二维特征匹配。例如,为了匹配二维特征,一维特征需要在水平和垂直方向上增广两次,之后将这两次增广的结果在特征量(通道数)的维度连接起来(其特征量因此增加一倍)。最后,将零维特征(共 2 个通道)、一维特征(共 124 个通道)和二维特征(共 4 个通道)在通道数的维度连接,组成最终的输入特征,这里总共 130 个通道。

4.3 结果与讨论

4.3.1 预实验

本研究首先设计了一种允许实值的残基间距离及本研究需要用到的其他实值特征与[−1,1]区间中的数字相互转换的可逆映射函数。

为简单起见,这里将实值的残基间距离及其他实值特征的真实值所处的空间称为"实际空间"(real space, RS),将其被映射函数处理后得到的映射值所处的空间称为"训练空间"(training space, TS)。训练空间仅在模型训练和预测推断时存在。

对于输入特征来说,从 RS 到 TS 的变换为:首先统计出每个通道的最大值及最小值,然后通过如下线性变换公式将所有元素均匀映射。

$$V_{TS} = \frac{2V_{RS} - Max_{RS} - Min_{RS}}{Max_{RS} - Min_{RS}} \qquad (4-1)$$

其中,V、Max 及 Min 分别代表当前元素、当前通道的最大值和最小值,其下标代表了所处空间。

对于训练标签,也即蛋白质残基间的实值距离来说,本研究的重点主要集中在 4~16 Å 这个区间上。这样做的原因在于,根据本研究经验,此区间内的残基距离是后续蛋白质折叠中较有价值的有效约束。因此,为了最大限度地分散此距离区间内的值并同时考虑其他所有的距离标签,本研究没有粗暴地设置截断并丢弃处于截断外的数据,而是在这里选择 tanh 作为主映射函数。在使用 tanh 函数对距离进行处理之前,相应的距离首先要经过和上文中提到的变换相似的线性变换,该变换可以将[4.0,16.0]区间映射为[-2.5,2.5]区间,这个区间也是 tanh 函数具有较大一阶导数的一个重要区间。具体来说,训练标签的映射函数为

$$V_{\mathrm{TS}} = \tanh\left(\frac{5 \times V_{\mathrm{RS}} - 50}{12}\right) \tag{4-2}$$

这个映射函数是一个可逆的函数,使用其逆函数就可以将神经网络输出的结果转化为最终的残基间距离的预测值。

之后,本研究进行了如图 4-1 所示的实验。首先建立用 GAN 预测蛋白质残基间实值距离的实验组。在这里,本研究选择了 conditional GAN(cGAN)系统。与最原始的 GAN 相似但又不同的是,cGAN 系统的生成器(简记为 G)可以依据输入特征生成预期大小的相应输出(Goodfellow et al.,2020)。cGAN 系统的判别器(简记为 D)在使用与输入到生成器 G 相同的输入特征的情况下,被训练用于区分输入样本是来源于生成器 G 的输出还是来源于真实的标签图(也即从真实的蛋白质结构中求得的残基间距离图谱)。标签图被记为"真"而生成器 G 的输出被记为"假"。在对抗训练中,生成器 G 试图从判别器 D 的决策中学习到一定的规律,并产生与标签图难以区分的输出,从而骗过判别器 D。

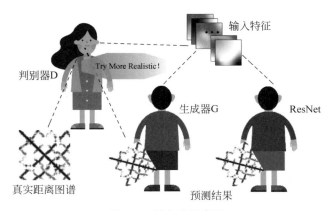

图 4-1 预实验示意图

更具体地说,判别器 D 的损失函数可以定义为针对具有 Sigmoid 函数输出的二分类器的标准交叉熵函数

$$\text{Loss D} = -\text{Loss GAN}(G, D)$$
$$= -\{E_{x,y}[\log D(x,y)] + E_{x,z}[\log(1 - D(x, G(x,z)))]\}$$
(4-3)

其中,x,y 和 z 分别代表输入特征、标签图(真实的残基间距离图谱)和输入噪声,E 代表相应的期望值。在对抗训练的过程中,判别器 D 尝试将这个损失函数(也即 LossD)最小化。与常见的应用随机噪声来确保输出随机性的 GAN 不同,本研究没有在生成器 G 中添加随机噪声,因为在本研究的任务中,生成器 G 被用于在给定输入的序列特征下生成确定的残基间距离图谱的预测。与判别器 D 相反,生成器 G 尝试将式(4-3)最大化(也即将其相反数记为 LossGAN,最小化)。除通过对 LossGAN 的优化以期骗过判别器 D 之外,生成器 G 还应同时优化传统的回归损失函数(记为 RegLoss),以期将其输出约束在真值(标签图)附近。最终生成器 G 的损失函数定义为

$$\text{LossG} = \text{LossGAN}(G, D) + \lambda \times \text{RegLoss} \tag{4-4}$$

其中,λ 是一个可调的权重参数,用于调整两部分损失函数的权重系数。在本实验中,选择 L1 损失作为其回归损失函数。

在这个实验中,对于 cGAN 系统的构建,采用了如下的做法。对于生成器 G,在这里使用了 ResNet 网络,因为 ResNet 被认为是该领域最成功的网络架构(Xu,2019)。其中,网络的每一层都采用了 64 个 3×3 的二维卷积滤波器,其滑动步长被设置为 1,填零(zero padding)的方式被设置为 same。之后,其输出经过作为激活函数的"有泄漏的整流线性单元"(leaky-ReLU)和批量归一化层(BN)。

对于其判别器 D,将与生成器 G 相同的输入特征与待区分的目标(即生成器 G 的输出或真实的标签图)连接起来作为其输入。在这里,为了解决单个蛋白质大小不固定的问题,在判别器 D 中首先设置了 3 个卷积层(每层都有 64 个 3×3 的二维卷积滤波器),在这之后使用空间金字塔池化(He et al.,2015)将其输出连接为一个固定长度的向量,最后将其馈入一个 3 层的感知机中,以输出给定待区分对象为真实标签图的概率。在空间金字塔池化中,使用了三个不同的分离尺度,分别为 8×8、4×4 和 2×2。

至于本实验中对照 ResNet 的设置,使用和上文中提到的 cGAN 系统中的生成器 G 一模一样的 ResNet,以期客观地探索 cGAN 系统的性能增益。同时,为了与 cGAN 系统保持一致,这里的 ResNet 的 L1 损失也乘了与式(4-4)中相同的权重参数 λ,将其损失函数记为 LossControl。

在训练过程中，因为蛋白的长度不同，所以将单个蛋白质作为一个小批量(mini-batch)参与训练。cGAN 系统和用于对比的 ResNet 的训练过程完全相同，都使用 Adam 优化器进行 100 轮的学习。其中，前 20 轮、中间 30 轮和最后 50 轮的学习率分别设置为 1.0×10^{-4}、1.0×10^{-5} 和 1.0×10^{-6}。本研究从由 6862 个蛋白质组成的数据集中随机选择了 5642 个蛋白质作为训练集，其余 1220 个蛋白质作为验证集。同时，为了加快训练速度，在本次实验中，蛋白质的最大长度被限制为 400 个残基。

在验证集上，对于最关注的预测距离在 4～16 Å 的残基对，ResNet 的平均预测误差比 cGAN 系统要低一些（分别为 1.832 Å 和 1.938 Å）。但是，ResNet 这样"看似更好"的结果是否真的有益于之后蛋白质结构的折叠呢？为了探究这个问题，进而收集了 4～16 Å 的所有预测距离来构建残基对距离约束矩阵，之后使用 CNS 套件(Brünger,2007；Brünger et al.,1998)采用与 CONFOLD 软件(Adhikari et al.,2015)相似的步骤将验证集中的蛋白质折叠。为确保 CNS 套件使用预测的残基距离进行结构建模，在这一步，选择了预测值±0.4 Å 这样一个窄距离范围作为对其的输入限制。使用所有折叠结构中最好的那个结构的 TM-score 值作为最终的蛋白质折叠质量评估指标。

如图 4-2 所示，对于验证集中的大多数目标蛋白质而言，cGAN 系统的折叠性能都超过了单纯的 ResNet，平均 TM-Score 分别为 0.722 和 0.544。因此，尽管总体距离预测精度略有下降，但因为引入了与 GAN 相关的损失

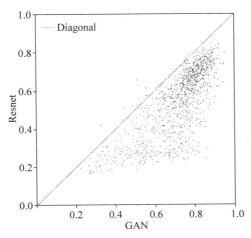

图 4-2　GAN 系统与 ResNet 系统图的折叠性能比较

函数,即式(4-3)和式(4-4)之后,基于残基间距离预测的蛋白质折叠确实得到了一定的改善。

这里通过举例对上面提到的差距进行补充说明。图 4-3 是 cGAN 系统和 ResNet 对 PDB ID 为 2II8 的蛋白质的残基间距离图谱的预测对比,其中也包括从晶体结构中导出的真实距离图谱。

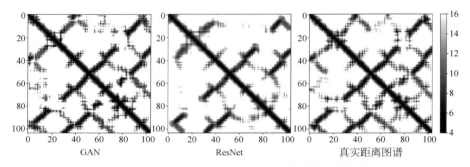

图 4-3　GAN 和 ResNet 对蛋白 2II8 的预测结果比较

显然,尽管在 ResNet 的预测结果中,主要条纹的位置和该条纹的平均值大致正确,但其预测结果总体上是模糊的。相比之下,尽管 cGAN 系统的预测结果存在一些细微的错误,但其包含更多具有锐利边缘的细节信息。通过 cGAN 系统捕获的像素之间鲜明的对比描述了单个距离预测之间的细微相关性,而这种相关性暗示了蛋白质结构中残基对之间精细的几何关系。因此,如图 4-4 所示,通过 cGAN 预测的残基间距离图谱折叠而成的蛋白质结构与对应真实结构的一致性明显好于 ResNet。

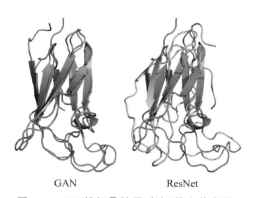

图 4-4　2II8 的折叠结果对比(见文前彩图)
根据 GAN 系统预测结果折叠的结构为橙色,列于左侧,根据 ResNet 的折叠结果为黄色,列于右侧,通过实验解析得到的晶体结构为绿色

深入思考以上结果，就会有这样的疑问：到底是 GAN 的什么特性产生了现在这样的结果呢？我们知道，ResNet 对特征的抽提能力及对任意函数的拟合能力是得到广泛验证的。即使使用尺寸很小的卷积滤波器（如 3×3 大小的滤波器），网络中残差模块的多次堆叠也会使其感受野级联放大。这也就意味着，只要网络深度到达一个合理的阈值，普通蛋白质中任意两个残基的相互依赖性都可以被 ResNet 所捕获。

在 ResNet 的拟合能力得到保证的情况下，问题的本质就集中到我们希望所训练的神经网络去拟合什么样的映射函数，达到什么样的预测功能。由于神经网络的学习过程是最小化损失函数的过程，损失函数评估了神经网络的输出与我们的需求之间的差距，因此，这个问题的本质最终就变成了应该如何定义我们在神经网络中使用的损失函数的问题。

众所周知，传统的用于回归问题的损失函数（如 L1 损失或 L2 损失）可以令深度神经网络准确地从输入中捕获所需要的低频信息，也即平均信息。这些损失函数表征了输出的整体质量，驱动神经网络产生围绕在局部平均值附近的预测值，因此其结果必然会导致输出图像的模糊。

但是，在残基间距离预测辅助的蛋白质折叠问题中，这些准确的低频信号远不足以满足我们的实际使用需求。我们真正想要的是一个像素之间存在鲜明对比的、边缘锐利的、逼真的残基间距离图谱。专门为提取这些高频信号，即纹理信息，而设计有效的损失函数是困难的。在传统的计算机视觉领域，研究者花费了大量精力才对简单的纹理信息对应的损失函数有了初步认知。这个问题在蛋白质残基间距离预测这个领域则变得更加困难，因为高频信号在某种程度上代表了多肽的一般性质或者蛋白质的折叠机制，诸如二级结构元素之间的相互作用方式及松散的环状区域的局部折叠倾向等。

为了避免直接定义这种复杂的损失函数，通过 GAN 将这个问题抽象到一个相对更高的高度，即"产生真假难辨的预测结果"，并使用一个额外的神经网络（GAN 系统中的判别器 D）来学习这种损失函数。同时，对 GAN 系统中的生成器 G 的训练又将这个学到的损失函数不断最小化。这有点类似于武侠小说中通过左右互搏提升自己的功力。最终，GAN 系统成功地抑制了模糊的出现，其生成器 G 重构了高频信息。

4.3.2 调整判别器的网络架构

有了上文中介绍的预实验的实验结果，我们很受鼓舞，开始对上面的

GAN 系统进行彻底的调试与优化，并试图总结一些对这个领域有用的经验规律。本节先介绍对 GAN 系统的判别器 D 的架构调整。

我们注意到，作为一种数据增广方法，图像剪裁（cropping）技术已被该领域的许多研究小组在实践中证明是有用的。例如，AlphaFold 在训练其 660 层 ResNet 网络时从输入的蛋白质特征图中随机选择 64×64 的小块。这种处理方式带来了许多好处，例如，他们成功地解决了蛋白质长度变化导致的无法批量训练的问题，同时，这种处理也对进行分布式训练有所帮助，避免了过度拟合的问题，而且在最终的预测推断时方便使用平均系综以进一步提高模型的准确度（Senior et al.，2020）。但是，本研究在试图直接模仿此类剪裁的操作时，GAN 系统的训练却在某些原因的作用下失败了。

我们还注意到，有研究者提出了使用马尔可夫判别器在 GAN 中对高频信息进行抽提和建模（Isola et al.，2017）。这类判别器不再判断整个待判别对象是否为"真"，而是关注待判别对象中一个个固定大小的"小块"（patch）中的细微差异，进而对该对象作出判别。受到这个想法的启发，本研究通过全卷积网络（fully convolutional network，FCN）将裁剪思想实现成了一个"块分类器"（patch classifier），并用其作为 GAN 系统中的判别器 D。

这个 FCN 的每一层均采用 4×4 大小的卷积核，使用 leaky-ReLU 作为激活函数，并在必要时在输入周围填充零。该 FCN 前几层的卷积步长被设置为 2，以迅速扩大其感受野，最后两层的卷积步长被设置为 1，这样方便更好地集成并整合每个神经元中所捕获的信息。第一个卷积层的通道数被设置为 128，之后每层的通道数都在上一层的基础上加倍，直到最后一层的通道数被设置为 1。使用 Sigmoid 函数作为最后一个卷积层的激活函数，以输出待判别对象的相应"小块"为"真"的概率。

这样的网络架构设计使得我们可以通过改变此 FCN 的深度来修改所关注的待判别对象上相应"小块"的大小。例如，如果希望这个"块分类器"专注于 34×34 大小的"小块"，如图 4-5 所示，则相应 FCN 的层数应该被设置为 4，步幅分别为（2、2、1、1），通道数为（128、256、512、1）。对所有输入目标来说，这种"块分类器"都在待判别对象上进行了密集采样，以确保覆盖其全部信息而没有遗漏。

本研究观察到，参数较少、速度更快的"块分类器"比之前使用 SPP 的整体判断分类器产生了更好的结果。考虑到蛋白质二级结构单元（即 α 螺旋和 β 片层）的统计长度，被这些"小块"的直径甚至更长的间隔所分开的两

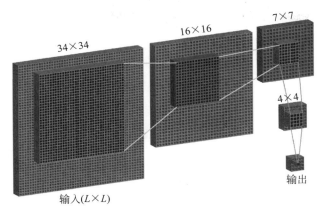

图 4-5　块分类器示意（见文前彩图）

随着信息在卷积层上的流动，用紫色和凸出显示的块感受野的大小随着相应用灰色背景表示的特征图的大小而发生相应的变化。黄色线和蓝色线分别表示卷积步幅为 2 和 1。每个特征图的顶端都列出了相关块感受野的大小

个残基通常是彼此独立的（即不在同一个二级结构单元上）。因此，"块分类器"将残基间距离图谱建模为马尔可夫随机场，其学习到的损失函数可以更好地指导生成器 G 提取距离图谱中的特殊高频信息。

除此以外，正如在上文中介绍的那样，蛋白质残基间距离图谱的特性提示我们应该更加注意那些带有强信号的条纹（即预测的距离值在 4～16 Å）的"小块"，因为只有这些预测才对蛋白质的折叠有较大的帮助和指导意义。然而，残基间距离图谱通常包含大量的由空白（即预测距离大于 16 Å 的残基对）组成的背景区域，如图 4-6 所示。

尽管这些背景区域缺少有效信息，但因其与标签图中的相应背景十分相似，因此很有可能被判别器 D 判断为"真"，从而对判别器学到的损失函数造成影响。为了减少判别器 D 上这种可能存在的混淆，修改了相应交叉熵损失函数，具体为

$$\text{LossD} = -\{E_{x,y}[\log D(x,y)] + \\ E_x[\log(\text{CLIP}(0.9 - D(x,G(x)), 0, 0.9))]\} \quad (4\text{-}5)$$

其中，CLIP 是一个截断函数，将目标函数的值截断到 $[0, 0.9]$ 区间内。这样的修改可以使判别器 D 忽视那些没有条纹的空白背景区域，从而学到更准确的损失函数，进而在对抗训练中更好地指导生成器 G 的学习。

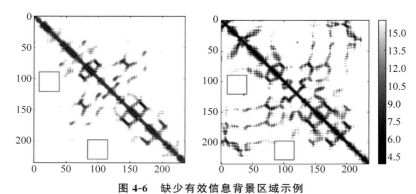

图 4-6 缺少有效信息背景区域示例

左图为生成器 G 在 GAN 训练的早期产生的预测结果,右图为相应蛋白的真实距离图谱,相关的背景区域示例以空心矩形标记

4.3.3 优化生成器

由于生成器 G 是 GAN 系统对输入进行信息集成、整合和提取的主要承担者,而且在推断过程中,生成器 G 也是 GAN 系统实际使用的部分。因此生成器 G 的架构与技术选择对整个 GAN 模型的性能至关重要。在本节中,一个接着一个地调整生成器 G 的所有组成部分,并根据调整的过程与结果总结了在蛋白质残基间距离预测问题上相关技术选择的一些经验规律。本研究对所有相关调整带来影响的分析都是通过在包含 6862 条蛋白质的训练数据集上进行五折交叉验证实验得到的。

在训练过程中观察到生成器 G 的 GANLoss,即式(4-4)中的 LossGAN 存在过早收敛的现象。经过一系列分析,认为这是因为在 GAN 系统中,生成器 G 面临的回归任务比判别器 D 面临的分类任务要困难得多。因此,在训练初期,生成器 G 还没有真正学到任何东西,其输出和标签图之间的差距非常大。但是此时,往往仅需要经过几轮训练之后,判别器 D 就会很容易学到生成器 G 的输出图谱和标签图之间的明显差别,并以极高的置信度拒绝生成器 G 产生的所有距离预测图谱。

尽管这种拒绝可以使生成器 D 的损失函数,即式(4-3)迅速下降,但这阻止了生成器 G 的进一步学习。因此,为解决这一问题,修改了生成器 G 的 GANLoss 函数,使其专注在判别器 D 错误地将 G 预测的距离图接受为真实标签图的情况上,这是一种启发式的算法,具体来说,就是

$$\text{LossG} = E_x[-\log D(x, G(x))] + \lambda \times \text{RegLoss} \tag{4-6}$$

之后,在生成器G上尝试了多种通用的深度神经网络的网络架构,包括不同的ResNet变体,如DenseNet和U-Net等。对于U-Net来说,在现行的卷积压缩和反卷积恢复技术的框架下,很难应用到像蛋白质距离预测这类输入大小可变的问题上。因此在实际操作中,不得不在输入信息周围填零以确保能够对齐训练集中所有输入的大小。我们观察到,在这种做法下,对于许多蛋白质而言,其填零的区域要比其原始大小还要大很多,这对网络性能的削弱作用非常明显。对于DenseNet来说,考虑到计算消耗(即模型参数量和每秒的浮点运算次数FLOPs),其性能并不令人满意。

对于ResNet架构来说,其他条件相同的情况下,每个模块包含3层神经元的网络性能要优于每个模块包含2层神经元的网络。瓶颈结构(bottleneck)的网络似乎不利于蛋白质残基间距离的预测,这也许是因为1×1的卷积核无法持续扩大感受野并整合特征图中不同位点的信息。最终选择了经典的ResNet架构,并在EfficientNet论文中阐述的方法(Tan and Le,2019)的指导下对其进行了模型扩充,分别训练了两套GAN系统分别用于中小蛋白质和大蛋白质的预测,这在下文中会有详细介绍。

至于生成器G应该使用什么样的卷积核,尝试了具有不同的卷积核大小的普通卷积核、膨胀卷积核及可分离卷积核。可以观察到,拥有大卷积核的神经网络似乎具有更好的性能,这也许是因为较大的卷积核可以整合与处理更为复杂、更为丰富的像素点之间的相互依赖性。

作为蛋白质残基接触预测及多分类地进行离散化残基间距离预测的常用技术,膨胀卷积在我们的实验中所表现出的性能却不及普通卷积。这种现象的原因可能是,需要准确预测实值距离的回归问题与仅需要学习距离区间信息的多分类问题不同,前者需要大且没有任何遗漏的感受野用以提取尽可能多的、全面的信息,尤其是细微的纹理信息。

根据上面的实验,最终选择了7×7大小的卷积核。由于使用7×7卷积核的模型训练相对较慢,因此尝试采用ShaResNet论文中记录的参数共享技术(Boulch,2018)来加速训练并使模型更加鲁棒。然而,在我们的GAN系统中应用这样的技术却导致训练出现问题。

在尝试不同的常见激活函数并对其进行评估时观察到,具有可学习参数β的Swish函数使相应的网络获得了最佳性能。Swish函数的具体公式为

$$\text{Swish}(x) = x \times \text{sigmoid}(\beta x) \quad (4\text{-}7)$$

通常来说,具有可学习参数的激活函数在复杂问题中的表现要优于相应没

有可学习参数的激活函数。这可能是因为它们实际上模拟了真实生物的神经网络，其中每个神经元都有自己的特性和不同的激活阈值。值得注意的是，在我们的评估中，random-ReLU（R-ReLU）的性能表现较差，这与先前在蛋白质残基接触预测中的经验有一定的不一致。

在被测的所有回归损失函数中，MAE 损失函数（也即 L1 损失）是最简单但最有效的。这也许是因为 L1 损失减小了其他常用回归损失具有的一些问题。这些问题集中表现在，原本就数值较大的预测往往拥有较大的绝对误差，其他回归损失一般都会将这种误差进一步放大，进而在优化过程中产生一定程度的偏差。L1 损失很好地平衡了针对各种标签的预测，从而具有更强大、更鲁棒的性能。

上文已介绍过本研究的输入特征。在各种来源的输入特征中，二维特征是直接包含残基间相互关系信息最多的，也是最有价值的。但是，与 AlphaFold 直接使用 Potts 模型中大量的二维中间结果来确保信息覆盖的做法（Senior et al.，2020）不同，本研究所使用的输入特征中，二维特征仅占总特征量的 3.07%（130 个输入通道中的 4 个）。尽管这些从 MSA 中直接提取的二维特征包含了足够的信息量，但是它们在神经网络的信息流传播中可能会被大量广播（broadcast）的一维特征产生的冗余信息所淹没。此外，蛋白质距离图谱中像素分布不均匀的特性，即包含密集像素点的"条纹"（有效信息，距离范围在我们关注的 [4,16] Å 区间内）稀疏地散布在空白背景（无效信息，距离大于 16 Å）上，使得我们的 GAN 更加难以训练。

受这些情况的影响，有必要在这套 GAN 系统中引入注意力机制（Woo et al.，2018）来调整输入信息的通道之间（即不同特征）和不同像素区块之间（即不同区域）的权重。在第 2 章已详细介绍过注意力机制。

本研究尝试实现使用全局的平均池化及最大值池化的自注意力模块，以期带来性能上的提升。该模块是分两步进行的。第一步，注意力机制集中在通道（即不同的输入特征）层面上实施，通过相关模块中的信息流得到通道的权重后，使其与原始的输入相乘，以达到调节不同特征彼此之间重要性差异的目的。与之不同的是，第二步的注意力机制则集中在对像素的空间权重的调整上。最终，自注意力模块的处理过程可以表示为

$$\text{Inputs} = (\text{Raw} \times \text{CAF}(\text{Raw})) \times \text{PAF}(\text{Raw} \times \text{CAF}(\text{Raw})) \quad (4\text{-}8)$$

其中，CAF 和 PAF 分别表示针对通道的注意力函数（channel-wised attention function，这里是用一个小网络实现）和针对像素的注意力函数（pixel-wised attention function，也是用一个小网络实现）。

在第一步(CAF)中，本研究使用具有瓶颈架构的 3 层感知机(神经元数量为 130-75-130)来处理各个输入特征(通道)内部的全局平均值和全局最大值的合并结果。这样的瓶颈结构不仅十分轻量化，而且对信息的混合与集成很有效果。可以想象，如果将其比作想要将半瓶果汁和半瓶水混合，那么最有效的方法就是挤压瓶颈然后松开。在这个例子中，对信息的处理也是一样。在第一步的全连接网络中，除最后一层外，所有层均使用 ReLU 激活函数，最后一层则使用 Sigmoid 函数进行激活，以迫使通道权重落在 [0,1] 的区间内。

在第二步(PAF)中，本研究使用一个大小为 7×7 的卷积滤波器，步长设置为 1，用以扫描各个输入像素位点的全局平均值和全局最大值的合并结果。之后仍然使用 Sigmoid 函数作激活以输出像素点的对应权重。这样的卷积网络将根据其相邻区域的信息来确定当前像素点是否重要。

相应评估结果证明了这种自注意力模块在改善 GAN 系统性能的方面具有不错的效果。同时，分析自注意力模块的输出权重，如图 4-7 所示，发现在验证集中，针对不同特征种类(通道)的注意力模块充分抑制了来自一维特征广播而产生的冗余信息，其权重被有效调低(接近 0)。与之相对应地，那些重要的二维特征的权重则被有效保留(接近 1)。

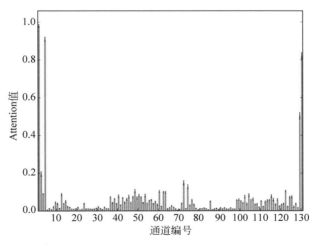

图 4-7 针对通道的注意力函数效果

同时，针对不同区域像素的空间注意力机制则可以有效地调整不同像素的权重，方便了后续信息的提取，附录 B 中的图 B-2 列举了一个目标蛋白

的空间注意力权重 w_i 张。

4.3.4 数据增广

对生物信息学领域的蛋白质结构预测程序来说,有一个很重要的问题是,它们到底预测了目标蛋白质的哪一种构象?这是一个悬而未决的问题,因为从蛋白质结构数据库中提取到的、进而用作相应网络模型训练的"真实结构"(ground truth)是在非生理状态及条件下确定的静态结构。既然这样,那么能影响"真实结构"的因素就有很多,例如,不同蛋白质的结晶条件与情况、不同的蛋白质结构解析技术(如核磁共振(NMR)、X射线衍射、冷冻电镜(cryo-EM)等),甚至不同的结构计算方法都可能导致最终解析结果的变化。

更重要的是,这些静态结构无法反映真实蛋白质在水性环境(通常为细胞质溶液)中的动态行为与构象变化。分子动力学(molecular dynamics,MD)模拟可以较好地解决这样的问题。经过漫长的发展,这些模拟手段已经构建了相对成熟的经验力场来模拟生理环境,可以用PDB结构作为初始构象,通过一定的计算和记录,观察目标蛋白质的动力学表现。因此,本研究引入分子动力学模拟对标签数据进行增广,以保证相应方法的通用性和鲁棒性。

在使用的分子动力学模拟方法中,对训练集中的所有蛋白质,首先使其处于一个应用了周期性边界条件的水盒中。水盒的边界被设置为从蛋白质边缘延伸出10 Å。这样,模拟系统的体积平均大约为354 141.7 Å^3。

同时,为了让水盒可以更好地模拟生理环境,向系统中添加160 mmol/L的NaCl分子。平均来说,一个水盒中有大约37个Na$^+$和Cl$^-$。到具体的蛋白质上,为确保整个系统的电中性,相应水盒中Na$^+$和Cl$^-$的具体含量会根据蛋白质电性的不同略有不同。

整个模拟过程包括三个阶段:能量最小化、系统加热和平衡模拟。在能量最小化阶段,采用LMOD方法进行5000步,其中前2500步使用最速下降法,之后的2500步则切换为共轭梯度下降。在系统加热阶段,固定系统的体积,步长为2 fs的时间步一共执行8000步:在前6000个时间步中,系统的温度从头0 K逐渐上升到300 K;之后的2000个时间步,温度保持在300 K以稳定系统。在最终的平衡模拟阶段,采用NVT系综,进行了2 500 000个时间步的模拟,总共模拟时长为5 ns。在最后两个阶段中,涉及氢原子的键的相互作用被固定。在模拟过程中,每隔5000个时间步保存一个结构以组成相应的轨迹用于后续的分析及使用。

可以观察到,对于训练集而言,在模拟结束后,这些蛋白质的构象变化(这里用与晶体结构的 RMSD 来表示其构象的变化程度)平均达到 6 Å,如附录 B 中的图 B-3 所展示的那样。这一结果确保了这种通过分子动力学模拟的数据增广手段充分考虑了蛋白质在结构动力学方面的变化与性质。

为了验证这种数据增广方法对蛋白质结构预测的实际贡献,训练了两个具有相同网络架构的网络模型,分别使用单纯来自 PDB 数据库的结构(训练结果简记为模型 1)及包含了由分子动力学模拟产生的结构(训练结果简记为模型 2)进行训练。

之后利用其预测结果在 CNS 套件中对 CASP13 蛋白质集和膜蛋白质集进行折叠测试。相较于模型 1,模型 2 的预测结果改善了 CNS 套件所折叠出的蛋白质结构的质量,表明这种数据增广方法确实捕捉到了具有生物学意义的、可以提高距离预测模型通用性的并且有益于基于残基间距离来搭建结构的有效信息。

4.3.5 模型的训练与评估

正如上文中提到的那样,L1 损失在生成器 G 的总损失中所占的权重 λ、判别器 D 的 patch 大小及是否应用 CLIP 函数都会影响残基间距离信息的提取。为了增强 GAN 系统的预测准确度,最初设计了一个巨大的平均系综,其中包含了超参不同的 14 个网络模型,这些模型对同一个目标蛋白质的预测结果会存在细微的差异,这种预测的多样性可以增强预测的准确性。此外,还可以根据预测结果的多样性估计相应的距离概率分布。在训练单个模型时,对训练集中的每条蛋白质,从 501 个可用结构中随机选择 4 个作为标签,这种方法使训练样本增加了 4 倍,有助于 GAN 系统更好地抓住残基间距离图谱中蛋白质结构的动态特征。为了稳定 GAN 系统的训练,在更新网路参数时使用指数滑动平均来计算损失。在非冗余膜蛋白质数据集及 CASP12 和 CASP13 蛋白质集上的独立测试表明这 14 个模型具有较强的多样性和互补性,如附录 A 中的表 A-7~表 A-9 所示。由于没有对网络的输出结果施加对称性限制,因此每个模型的预测结果都可以被视为三个不同的残基间距离图谱,分别为其上三角部分、下三角部分和它们对应的平均值。可以发现,这样得到的 3×14 共 42 个值的分布总体来说是符合对数正态分布的。此外,已有研究表明对数正态分布对基于距离的蛋白质结构建模有更大的帮助(Rieping et al., 2005)。基于这两点,使用所有

42个预测结果的值拟合相应的对数正态分布，进而估计距离的平均值和标准差，最后以平均值加减标准差作为 CNS 套件折叠蛋白质时相应残基对的距离约束。

然而，在详细探究了 CNS 套件后，发现它非常鲁棒。例如，当使用同样的距离预测值时，将距离范围从 ±0.1 一直修改到 ±2.0，这些实验折出的结构相对晶体结构的 TM-score 没有发生太大变化。这提示我们的 14 个网络模型对最终预测结果的改善可能只是因为其修正了中心值，即相当于一个大的平均系综。

因此，在最终的模型选择上没有继续使用上文中提到的 14 个网络的系综，而是使用了一个轻量化的双网络模型。在训练时，因为训练设备的显存大小是固定的（此处使用的显卡为 TITAN RTX，其具有 24 190 MB 显存），所以，训练所允许的最大蛋白质长度和对应网络模型的大小是两个共轭参数，是相互约束的。例如，当放宽训练中所能接受的最大蛋白质长度时，意味着整个网络的大小需要适配最大蛋白质的数据流，也即大部分时间，显存资源并没有得到充分利用。因此，这会牺牲模型的复杂度并进而牺牲预测的准确性。

同时，我们发现不仅是在训练集中，在学术研究及蛋白质结构预测的实际使用中，一般的单域蛋白质所包含的残基数目其实常常不超过 300 个，如附录 B 中的图 B-4 所示。基于这些考虑，针对不同长度的蛋白质训练了两个不同的模型以处理它们。模型的相关参数主要有：判别器 D 的 patch 大小被设置为 70、应用 CLIP 截断函数等。使用长度不大于 300 的蛋白质训练了一个大网络模型（这里简记为模型 X）。模型 X 包含 77 个卷积层，专门处理小蛋白质（长度小于等于 350）的距离预测。同时，将训练所允许的最大蛋白质长度限制放宽到 450，又训练了一个包含 52 个卷积层的小网络模型（这里将之简记为模型 L），用以承担模型 X 以外的其他序列长度较长的蛋白质（长度大于 350）的残基间距离预测任务。

这两个模型组成了一个轻量级的综合模型，该模型在只能利用有限的计算资源的情况下，既没有过分牺牲小蛋白质的预测精度，又不至于对大蛋白质束手无策。对于单个蛋白质，和上文中提到的增广方法类似，在两种模型训练期间，从所有可用结构中随机选择 6 个结构作为"标签"。同时，仍然在更新网络参数时使用了针对损失的指数滑移平均来稳定训练。在后面的 CNS 套件对蛋白质的折叠过程中，使用预测值 ±0.4 Å 作为其约束，在所有结构中挑出最好的那个作为其最终的结构预测结果。

为了验证残基间距离预测相对于接触预测的优越性，首先在CASP12蛋白质集上与第3章介绍的工作DeepConPred2进行比较，因为二者所使用的输入特征是相似的。之后，在CASP13蛋白质集上和当时表现最好的残基接触预测程序，如RaptorX-Contact和TripletRes等进行了比较。

所有的对比实验都通过统一地使用CNS套件根据相应的预测结果折叠蛋白质。需要注意的是，对于残基接触预测方法的评估，遵循了CONFOLD程序的建议流程，对于Top $2L$（其中L为目标蛋白质的长度）个接触残基对，将其距离范围设置为$3.5\sim 8$ Å。GAN系统对蛋白质折叠的指导意义明显优于具有类似输入特征的DeepConPred2。此外，根据GAN系统的距离预测构建的蛋白质结构比基于当时表现最好的残基接触预测程序的预测结果生成的蛋白质结构质量更好。本研究的方法在TM-score上的大幅领先表明了通过GAN的实值距离预测在蛋白质结构预测中的贡献要优于传统的残基接触预测。

本研究还在42个当时可获得解析结构的CASP13蛋白质上比较了使用GAN系统的距离预测以折叠得到的蛋白质结构与CASP13比赛中表现最好的三个蛋白质结构预测服务器（servergroup，预测过程全部自动化，不需要任何人类干预，本研究的方法本质上也属于这一类），包括QUARK（Zhang et al.，2018）、Zhang-Server（Zheng et al.，2019）和RaptorX-DeepModeller（Xu，2019），以及表现最好的人类专家组（humangroup，执行过程中需要一些人为操作）A7D，也称为AlphaFold（Senior et al.，2019），预测的蛋白质结构。需要注意的是，对于和A7D的比较，用到的蛋白质仅为38个，因为A7D的开源代码无法对四个仅限服务器预测的目标（server-only target），即T0950-D1、T0951-D1、T0967-D1和T0971-D1进行预测与结构建模，故将其排除在比较之外。如附录A中的表A-10所示，本研究的GAN方法对所有蛋白质目标的平均TM-score都非常接近CASP13比赛中最好的参赛小组的结果。图4-8显示了不同方法在不同的MSA深度和序列长度的目标蛋白质上的TM-score的比较。这里，使用统计信息N_{eff}用于计算MSA中同源序列的有效对齐深度，具体为

$$N_{\text{eff}} = \sum_{i=1}^{N} \frac{1}{S_i} \tag{4-9}$$

其中，N是MSA中序列的总数，i是在此MSA中迭代的序列索引，S_i是与索引i对应的序列具有大于75%的同源性的序列计数。可以看到，对于MSA中比对深度较低的那些更加困难的目标，我们的GAN系统要优于其

他方法。这个结果是我们的方法优越性的一个证明,尤其是考虑到仅使用序列信息而其他方法或多或少地使用了结构来源的信息(如结构同源模板或者蛋白质片段库等)。

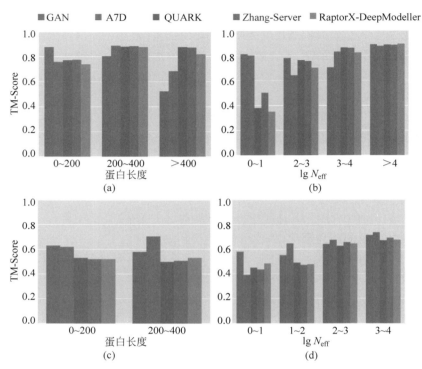

图 4-8 和领域内其他方法的预测效果比较(见文前彩图)

对 42 个 CASP13 蛋白质折叠结果进行相关性分析。总体来说,GAN 系统的预测质量与目标蛋白质序列的比对 N_{eff} 值(这里对其取对数以方便观察)之间的相关性较弱。特别是对于 FM 蛋白质来说,显著的相关性几乎不存在,相应 Pearson 相关系数(pearson correlation coefficient,PCC)为 0.14,统计 p 值为 0.54。这种现象的出现可能揭示了蛋白质残基距离图谱中的高频信息在序列比对深度较浅时,其在蛋白质结构预测中的重要意义。

另一方面,与其他方法相比,也观察到本研究使用的 GAN 方法会随着目标蛋白质的长度增加而表现出比较明显的性能下降。训练专门针对大蛋白质的小网络模型(模型 L)部分解决了这一问题。但更加本质的解决方法还是使用更先进的 GPU 硬件来分布式地训练模型。

除这些缺点外，GAN 方法的预测结果显示出与其他现有方法不同的表现模式，这揭示其在实际的蛋白质结构预测中可以提供较多针对其他方法的补充信息。一个不错的优点是，GAN 系统与 CNS 套件的配合使用可以部署在具有 GPU 算卡的个人计算机上，且其运行时间是可被大众接受的，具体如附录 B 中的图 B-5 所示。一般来说，目前其他方法需要较大的计算消耗，如片段组装法等。

在 AlphaFold 的部分代码已经开源的情况下，针对当时可以获得真实结构的所有 CASP13 蛋白质，在结构域水平上评估了它们的性能差异。从 AlphaFold 模型输出的距离预测的概率分布中提取了其 mode 值，与 GAN 模型预测的实值距离进行比较和数据分析。大体上来说，在我们关注的 4～16 Å 范围内，两种方法的距离预测与其相应的标签（实验解析结构中相应残基对的真实距离）具有几乎一致的相关性。但是，由于多分类预测将残基间距离离散化，AlphaFold 的预测呈一种条带状的分布模式。与之不同，GAN 方法的预测因为其本质是对连续实数的回归问题，故呈现出一种可以更真实地反映距离度量本质的模式。

为了进一步排除 GAN 系统的过拟合风险及测试时的偶然性，又在徐锦波教授论文中提到的 CAMEO 蛋白质集上进行了测试，并与作为当时顶级 CAMEO 参赛服务器之一的 RaptorX 方法进行比较。这里，由于 DeepCNF 和 SPIDER3 在目标蛋白质 2ND2A、2ND3A 和 5B86B 上的运行失败，导致其无法生成相应的特征，因此被排除。GAN 方法预测的最好结构的平均 TM-Score 非常接近 RaptorX 论文中的报道。这样鲁棒的结果支持了本研究提出的 GAN 方法在实际蛋白质结构预测中的实用性。

除此以外，我们的方法对于膜蛋白质的结构预测也很有用处。众所周知，膜蛋白质负责细胞内部和外部环境之间的物质运输和信号转导，因此其结构在实际应用中具有非常高的价值。然而，对于膜蛋白质来说，因为其所处环境（磷脂双分子层）的特殊性，所以用实验的手段解析它们的结构是非常困难的。这一方面提示了从计算手段对膜蛋白的结构做出预测的重要生物学意义，另一方面又限制了深度学习在其结构预测中的应用，因为已知膜蛋白结构的数据积累远远不足以支撑深度神经网络的常规训练。

但是，从生物物理和生物化学的角度来看，所有蛋白质的折叠机制应该都是相同的。这意味着好的蛋白质结构预测方法应该具有良好的通用性和普适性，即使是使用细胞质中的可溶性蛋白质来训练，理论上也应该可以用于膜蛋白质的结构预测。为了评估本研究提出的 GAN 方法，使用来自

PDBTM 的 416 条非冗余的膜蛋白质进行评估。在没有使用任何迁移学习的情况下，GAN 方法对于这些膜蛋白质的预测结果具有 0.602 的平均 TM-score。这些结果进一步证实了本研究的方法在膜蛋白质上的通用性。

如图 4-9 和图 4-10 所示，PDB-ID 为 5I20 的蛋白质（大肠杆菌细胞膜上重要的药物及代谢物转运蛋白质超家族的一员）的 A 链，GAN 方法可以高度精确地预测其残基间距离图谱，并在后面使用 CNS 套件时很好地指导其结构的折叠。

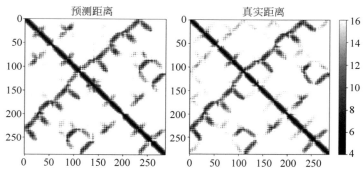

图 4-9　在膜蛋白质 5I20 上的距离预测结果

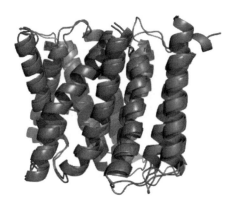

图 4-10　根据距离预测折叠 5I20 的效果

4.3.6　其他讨论

本研究使用的 GAN 系统没有像普通的 GAN 那样从随机噪声中采样，输出满足一种数据分布的随机预测结果，其原因如下。首先，我们曾经尝试过类似之前有关 cGAN 的一些工作中用到的方法（Wang and Gupta,

2016),即将高斯噪声 z 作为补充特征,再和原始特征合并后加入馈给生成器 G 的输入中。然而,多组实验都表明生成器 G 足够鲁棒,可以忽略这些微小扰动。这一现象与许多其他使用 GAN 的计算机视觉方向的工作所观察到的现象是一致的。

其次,对于蛋白质结构预测任务,因为给定序列所对应的蛋白质结构是稳定的,所以在本研究中不需要将 GAN 系统设计为用于捕获它所刻画的条件分布的全部熵,从而产生具有一定随机度的输出。因此,本研究中的生成器 G 是一个基于输入特征的确定性模型。

第二个需要讨论的问题是,批量归一化(batch normalization,BN)被广泛应用在蛋白质结构预测领域中神经网络的训练上,但是我们的实验观察到之前在计算机视觉领域中已经观察到的 BN 的问题。提出了一种映射函数(mapping function),在上文中有详细的介绍,对缓解 BN 的问题起到了一定的作用。

BN 将所有输入数据对齐为标准正态分布,在网络训练过程中成功处理了"内部协变量偏移"(internal covariant shift,ICS)和"梯度消失及梯度爆炸"问题,它是当前高性能深度神经网络成功的基石之一。这里,可以将一个 BN 的实例表示为

$$\hat{x}_i = \frac{x_i - \mathrm{E}[x_b]}{\sqrt{\mathrm{Var}(x_b) + \epsilon}}, \quad y_i = \gamma \hat{x}_i + \beta \qquad (4\text{-}10)$$

其中,$\mathrm{E}[x_b]$ 代表当前小批量的均值,后面用 μ 表示;$\mathrm{Var}[x_b]$ 则表示当前小批量的方差,后面用 σ^2 表示;ϵ 是个极小的数,用以防止运算过程中出现 Nan,β 和 γ 则是两个表示分布偏移和缩放的可学习的参数。

然而,要将 BN 用于残基间实值距离的预测,需要解决两个关键问题,即 BN 将前向传递的数据规范化为标准正态分布,在最后一层网络中,没有现行可用的激活函数可以将这样分布的数据映射到代表残基间距离的正实数空间中。此外 BN 会带来严重的批量依赖(batch dependence,BD)现象,特别是当批量所含样本过少时,这会非常影响训练效果。

其中,第二点的深层次原因是深度神经网络在训练和预测中 BN 实现上的差异。在训练网络时,μ 和 σ 是当前小批量的局部统计量。然而,当使用训练好的网络进行预测时,馈给网络的数据就从之前训练时的样本批量变成了单个的样本实例。因此,这个时候使用的 μ 和 σ 就变成了通过之前训练时对所有批量的均值和方差的记录而算出的整个训练集的全局平滑统计量。此时,在理想情况下,如果训练数据和测试数据非常相似,全局统计

量 μ 和 σ 就可以将输入的测试数据依据训练情况适当地正则化。然而,当训练数据与测试数据有较大差异时,由训练数据计算出的 μ 和 σ 就无法正常完成其工作,进而严重影响模型表现。一般来说,BN 的批量依赖现象在批量越小时越严重。

蛋白质残基间的实值距离预测就属于后一种情况。在这个领域,研究者通常使用相对容易的 SCOPe 或 CATH 蛋白质集进行训练,在测试时却使用难很多的 CASP 或 CAMEO 蛋白质集作为独立测试集。因此,在训练集和测试集中,输入特征及距离标签可能具有明显不同的分布。此外,蛋白质长度的任意性迫使我们在训练期间将每个单独的蛋白质设定为一个小批量。这些都会使得在实值残基距离预测中,BN 的应用会带来一些问题。在其他任务中经常被使用的解决或者减轻该问题的相关技术,如群正则化、批量重正则化等,在本研究的测试中,要么效率不高,要么实现极为复杂。因此,设计了上文中提到的可逆映射函数,以简洁、有效的方式减轻了该问题。此外,我们的标签映射函数强制将神经网络的训练集中在 4～16 Å 的有意义的距离区间上,这个区间在映射后处于 tanh 激活函数的敏感区,反向传播时会有较大的梯度。

最后一个要讨论的问题就是这个工作和之前在结构生物信息学中应用 GAN 的其他工作的区别。后者主要是 Namrata Anand 和 Po-Ssu Huang 在 2018 年发表的工作(Anand and Huang,2018)。

我们在设计、实施这项工作时一直没有注意到这篇论文,直到这项工作已经基本全部结束后,才被相关学术审稿人告知此文。我们必须承认,这篇文章可能是第一个使用 GAN 生成蛋白质残基间距离图谱并基于此进行蛋白质结构建模的工作。然而,在细读该论文后,需要指出的是,这项研究与他们的工作在 GAN 的使用上具有本质的区别。

首先,两项工作的动机与目的是截然不同的。Po-Ssu Huang 等的工作的出发点是修补蛋白质结构中缺失的部分(即推断缺失残基的空间排布以补全相应结构),这可以被视为一个有关蛋白质设计的问题。在这个问题中,相应片段原本的天然态结构和所有可能的非天然态结构只要合理,都是可以被接受的。与之相反,本研究旨在根据目标蛋白质的序列来预测其结构,这是一个蛋白质结构的从头预测问题,其答案一般是确定性的,因为蛋白质的天然结构通常是稳定的,仅允许少量、有限的构象抖动。

不同的目的导致了两项工作针对 GAN 系统做出了不同的技术选择,Po-Ssu Huang 等的工作选择了深度卷积 GAN(dcGAN),本研究则选择了条件 GAN(cGAN)。从蛋白质残基间距离图谱出发,在结构中修补局部缺失可以等效为对具有固定大小的、覆盖相应缺失的距离图谱进行图像修补。距离图谱的修补问题非常适合使用 dcGAN 来解决,因为 dcGAN 可以学习一个从已知的低维概率分布到未知的高维概率分布的映射。具体到这个问题来说,就是学习了一个从低维的标准正态分布 z 到长度固定的蛋白质片段的残基间距离空间中的未知高维概率分布,并以此解决相关结构的修补问题。

但是,蛋白质从头结构预测在某种程度上更加类似于图像的翻译问题。在这个问题中,需要构造一个从一系列蛋白质序列空间中未知的高维概率分布到蛋白质残基间距离空间中的另一系列未知高维概率分布的映射,特别地,这个映射前后概率分布的尺寸会随目标蛋白长度的变化而变化。我们发现,cGAN 在本研究中可以很好地学习到这样一种映射函数。因为在训练时,它不仅可以很好地捕获相关低频信息的映射关系,还可以较好地捕获高频信息。

最后,必须要提到的是,这两项工作的结果也是截然不同的。通过 Po-Ssu Huang 等的 GAN 方法生成的蛋白质残基间距离图谱仅限于 16、64 和 128 长度的蛋白质片段。由于其所使用的 dcGAN 系统的固有特性,他们无法稳定地训练任意长度的序列作为输入的生成模型,因此,他们为蛋白质设计任务开发的 GAN 方法不能用于预测任意的给定序列的目标蛋白质的结构。与之相对应的,本研究设计并实现的这个精巧的 cGAN 系统可以从任意序列预测相应蛋白质的结构,且具有不错的效果。

4.4 小 结

在这项工作中,首次将蛋白质残基间距离预测问题当作一个回归问题,通过一个 GAN 系统,仅从序列信息出发,较为精确地预测了这些连续的实值距离。通过在 GAN 系统上对其两个主要部分,即生成器 G 和判别器 D 进行对抗训练,本研究提出的方法可以学习到蛋白质残基距离图谱上代表着某些天然肽折叠机制的高频信息。

与最先进的蛋白质结构预测程序相比,GAN 系统主导的预测方法可以产生准确度相近的蛋白质结构,且其产生的蛋白质结构的质量与相应目标蛋白质序列的 MSA 比对深度仅具有较弱的相关性。除此以外,尽管本研究提出的 GAN 方法是在原生质中的可溶性蛋白质数据集上进行训练的，但是其良好的通用性和泛化性使其对可溶性蛋白质和位于细胞膜的疏水环境中的膜蛋白质的结构预测都有不错的效果。本研究提出的 GAN 方法的另外一个优点是其运行所需消耗的计算资源相对较少，因此可以部署在 PC 上完成。

由于训练时所使用 GPU 的显存限制，本研究提出的 GAN 系统对目标蛋白质的预测能力会随着其序列长度的增长而明显降低。此外，与 AlphaFold 所使用的 660 层 ResNet 相比，GAN 系统的生成器采用的 ResNet 架构相对较浅，模型的复杂度也相对不足。然而，这些不足与限制都可以通过在更高级的硬件上进行深度网络模型的训练，或者结合现行的深度学习框架中分布式的训练方法与手段在将来得到缓解甚至解决。

许多工作证明了宏基因组数据库在目标序列的 MSA 构建中会极大地扩充其比对深度，进而影响基于 MSA 构建的网络输入特征的生成，最终提高深度网络模型对蛋白质结构信息（如蛋白质残基间距离图谱等）的预测能力。因此，未来将尝试通过将宏基因组数据库与目前正在使用的常规序列数据库进行合并来进一步增强本研究提出的 GAN 方法。

本研究提出的 GAN 方法放弃了之前熟悉的蛋白质残基间接触的预测。当没有足够准确的距离预测时，残基间接触是模糊距离信息的一种很好的折中。与残基间接触相比，实值距离具有许多优势，其中最重要的是，从真实结构中计算得到的残基间实值距离图谱是包含所有信息的、对特定结构的直接表示。因此，开发设计连续可导地从残基间距离图谱到蛋白质结构的映射函数是非常重要的，其可桥接本研究提出的 GAN 系统和最终的蛋白质结构的直接预测，进而有助于完成一个全新的端到端的训练过程。

基于残基间距离的端到端可导系统与之前提出的基于二面角的端到端系统不同（AlQuraishi, 2019）。后者仅考虑相邻残基的局部结构信息且其预测结果常常出现手性方面的错误，然而前者可以提取被任意长度的序列所间隔的残基对的全局结构信息，并且其手性是确定的，因为只有一种手性所对应的结构可以满足大多数距离限制。因此，将来一个很重要的研究方向就是对本研究提出的 GAN 系统的延伸，实现端到端的深度模型训练方案。

此外，我们还注意到，最近有学者提出了一种新的 GAN 系统，被称为 cycle GAN，它为深度模型的训练过程中大规模标签不足的情况提供了一种广义的半监督式的解(Zhu et al.,2017)。在蛋白质结构预测这个具体的问题中,由于许多已知序列的蛋白质缺乏被解析出来的结构信息(在模型训练过程中会被用作标签),这种半监督式的方法可能会进一步提高残基间距离预测的精度与适用性,这也是未来值得关注的重要方向之一。随着高通量测序技术的飞速发展,相应的蛋白质序列数据近年来一直呈爆发式的指数级增长,特别是大规模宏基因组数据库的建立更是极大地扩充了序列数据量。因此,我们完全有理由相信"通过蛋白质的序列信息准确确定其结构"的新时代即将一步步到来。

第 5 章 基于深度学习的蛋白质折叠框架

5.1 引　言

蛋白质是复杂生命活动的主要承担者,其功能取决于相应的三维结构。因此,获得未知的蛋白质结构一直是生物物理学,特别是结构生物学的核心问题之一。与耗时耗力地通过实验手段来解析蛋白质结构的方法相比,基于生物信息学的蛋白质结构预测方法具有速度快、资源消耗少、可以高通量并行等诸多优点。正因如此,蛋白质结构预测方法在近年来吸引了很多研究者,得到了长足的发展,受到了越来越多的关注(Dill and MacCallum, 2012)。

随着深度学习技术在 CASP12 比赛中的大范围成功应用,以蛋白质残基间接触预测为中间步骤,进而根据其结果最终预测蛋白质结构的方法取得了令人瞩目的成就(Moult et al., 2018; Schaarschmidt et al., 2018)。这种方法与需要大量计算资源的、基于经验力场的分子动力学(molecular dynamics, MD)模拟或基于片段(fragment)及穿线(threading)组装的蒙特卡罗(Monte Carlo, MC)模拟等传统方法(Jothi, 2012; Wang et al., 2019)完全不同。

蛋白质残基间接触是一个人为定义的概念,即两个残基之间的距离不大于 8 Å。如果可以对残基接触做出很好的预测,就可以限制在后续蛋白质折叠过程中需要搜索的构象空间,从而较为准确地搭建目标蛋白质的结构。作为残基间接触预测方法的衍生,来自不同课题组的残基间距离预测的方法在最近 CASP13 比赛中获得了非常不错的结果(Abriata et al., 2019),它们的核心方法都是通过在来自多序列比对(MSA)的共进化信息上应用大规模的深度学习技术来精确地预测残基间距离,并将其直接用于目标蛋白质三维结构的优化工作(Ding and Gong, 2020; Senior et al., 2020; Xu, 2019; Yang et al., 2020)。

在蛋白质残基间几何信息如距离等的预测已经足够精确的情况下，如何利用这些预测结果正确地指导蛋白质三维结构的折叠就成了目前该领域最核心的挑战。

RaptorX-Contact(Xu,2019)的处理方式是，根据前面深度神经网络预测的概率分布来估计相应残基对间距离等几何信息的平均值和标准差，并将其作为几何约束输入 CNS 套件(Brünger et al.,1998)中进行折叠。AlphaFold(Senior et al.,2020)和 trRosetta(Yang et al.,2020)都是通过梯度下降算法来优化蛋白质的结构，它们将预测得到的残基对的距离概率分布及 trRosetta 中的转角预测等转化为光滑可微的约束函数。在折叠过程中，AlphaFold 使用了复杂的统计势能作为其约束的补充信息，而在 trRosetta 中，相关的补充为成熟的 Rosetta 能量函数(Leaver-Fay et al.,2011)。

虽然这些工作的结果令人印象深刻，但这些需要额外补充信息或者函数的方法并不直接，缺少对残基间几何信息预测的直接处理。此外，AlphaFold 没有开源他们的折叠框架。

另一个相关的工作是实验室之前研发的 GDFold(Mao,2020)，它通过扩展残基接触的概念，将在不同距离截断上的满足与否作为约束条件，使用梯度下降直接优化 C_α 原子的坐标。但是，GDFold 的实现较为复杂，所需要的输入约束的格式也与主流格式有很大不同，因此用户很难根据自己的需求修改源代码并定制相应的折叠过程。

实际上，完美预测蛋白质残基对间的距离及转角等几何信息是不可能的。这就意味着在蛋白质折叠问题上，同一种输入约束内部及不同类型的输入约束之间必然存在信息的冲突和冗余。

针对同一残基对约束的冲突会导致在结构优化时，该位置的优化方向不确定，进而导致算法的失效并产生未知行为。同样地，不同残基对的信息冗余度若相差过大，在优化时就会导致冗余程度高的位置优化权重大，冗余度低的权重小，进而促使生成的蛋白结构出现失真的现象。几乎所有上面提到的工作都平等地对待输入的所有约束信息，在没有任何处理的情况下直接使用它们。例如，GDFold 忽略了这些潜在的冲突和冗余，从而导致其折叠性能下降。

因此，设计一个蛋白质折叠框架来高效地利用预测得到的蛋白质残基间距离及转角等几何约束，从而得到高准确度的蛋白质结构模型，在这一领域具有重要的意义。此外，传统的 Rosetta 等软件有着漫长的开发周期，较为完善并且性能强大。但是,对于习惯使用深度学习框架的研究者来说,这些包含大量经验过程及统计参数的软件需要极高的学习成本,并且很难修改和定制其核心的功能组件。为了解决上面的问题,本研究开发了一个名为 SAMF(self-adaptive protein modeling framework)的方法,在主流的深度学习平台(Pytorch 和 Tensorflow)上将其实现。

SAMF 包含了许多以前在这个领域中从来没有使用过的方法和步骤来处理输入约束中潜在的冲突和冗余,取得了不错的效果。SAMF 由抽象和封装良好的模块组成,方便用户增加、删除及重写部分代码以达到定制符合其个性化需求的折叠框架的目的。

此外,SAMF 的其他贡献还包括但不限于首次引入深度排序学习(leaning-to-rank)系统对多个折叠结果进行排序并挑选最好的作为最终预测;在每轮迭代优化之前,采用类似遗传算法的结构初始化方法,既保证了迭代之间的平顺性,又探索了不同构象空间中的可能性;将每次迭代的优化过程分解为两个阶段,前者迅速优化结构以满足输入约束,后者微调结构以使其在生物物理学方面更加合理并满足一般天然肽的性质。

当我们在 CASP13 蛋白集上进行测试时,SAMF 可以在相同的输入约束下产生与 MinMover 折叠方式质量相当的蛋白质结构。当提供更为准确的输入约束时,SAMF 的性能可以超过当时世界上最先进的蛋白质结构预测程序及相应的网络服务器,包括 AlphaFold(Senior et al.,2019)、Zhang-Server(Zheng et al.,2019)、RaptorX-Contact(Xu,2019)、BAKER-ROSETTA-SERVER(Leaver-Fay et al.,2011)等。

5.2 数据集与相关评价指标

5.2.1 数据集

SAMF 是一个蛋白质折叠框架,其主体是不需要进行任何训练的。但是在 SAMF 的某些质量评估模块,会对输入数据(蛋白质残基间几何信息的预测及蛋白质结构的预测等)的质量进行评估并打分,后续会根据打分来调整相应输入的权重或者对不同输入进行排序。这些打分系统,或者称之为质量分析模块,主要是由深度神经网络构成的。因此,这些地方是需要相关训练的。

为了训练 SAMF 的输入约束质量分析及权重重调模型和最终的预测结构质量排序模型,从 CASP12(Moult et al.,2018)中选取了 34 个连续的自由建模蛋白质结构域,按照 4∶1 的比例将它们随机分成训练集和验证集。

为了评估整个 SAMF 的蛋白质结构折叠性能,构建了由 29 个蛋白质结构域组成的 CASP13FM 测试集和由 50 个蛋白质结构域组成的 CASP13 TBM 测试集。为了与 CASP13 竞赛中其他算法进行公平比较,两个测试集中的所有蛋白质都是连续的,只针对预测服务器(Sever Only,全部由算法完成,预测过程中没有人类专家的干预)的结构域。此外,还从 2019 年全年的 CAMEO 中提取了所有 137 个困难(hard)目标蛋白质,以构建 CAMEO 测试集。

由于 SAMF 中的所有用于训练和验证局部评估模块的数据都是在 CASP13 竞赛(在 2018 年举办)之前发布的,因此与三个独立的测试集没有任何重叠,确保了后续评估中的公平性。

5.2.2 评价指标

本研究在最后的蛋白质结构选择上使用了深度排序学习系统,其训练和验证都需要用到相关的排序评价指标 NDCG @ 50,这里对其定义和意义做简单介绍。

归一化后的折损累积收益(normalized discounted cumulative gain,NDCG)是一种评估排序结果是否准确的度量标准,它考虑了两个主要的性质:①高相关度的结果对最终 NDCG 分数的影响比一般相关度的结果更大,其中相关度在一个先验的相对打分函数(relative score)中被定义;②如果相关度高的结果获得更高、更准确的排名,则最终 NDCG 得分将会更大,也就意味着系统性能更优。NDCG 的相应计算方法为

$$\text{NDCG}@T = \frac{\text{DCG}@T}{\max(\text{DCG}@T)} \tag{5-1}$$

其中,T 是截断水平,即 NDCG 只考虑最后排序中的前 T 位而忽略后面的元素。在本研究中,因为 SAMF 在迭代优化的过程中,设置的结构候选池的容量是 50,即折叠质量分析系统需要对这 50 个结构打分并排序,因此在这里 T 等于 50。上述公式中的 DCG,即折损累积增益(discounted cumulative gain)的计算方法为

$$\text{DCG}@T = \sum_{i=1}^{T} \frac{2^{\text{rel}_i} - 1}{\log(1+i)} \tag{5-2}$$

其中,rel 就是上文提到的先验性相对打分函数,其在本研究中的定义是:①在候选结构池的 50 个结构中,排位为最后一位的相对打分为 1 分;②对

于排位在 21～49 的,每个相对打分比其排位后一位的得分高 0.5 分;③对于排位在 6～20 的,它们的相对打分比其后面的得分高 1 分;④对于排位在 2～5 的结构,每位的相对得分比其后的高 5 分;⑤相对排位为第 1 的结构比第 2 要高出 10 分。

此外,在评估最终蛋白质的折叠结果的时候,需要将预测结果与实验解析的蛋白质晶体结构进行比较。这一方面目前最有代表性的评估指标是 TM-Score,在这里对其简要介绍。

TM-Score(template modelling score)是一种不依赖蛋白质序列长度的、用于测量两个蛋白质结构间相似性的指数,其具体定义如下:

$$\text{TM-Score} = \left(\sum_{i=1}^{L_{\text{share}}} \frac{1}{1+\frac{d_i^2}{d_0^2}}\right) \Big/ L \tag{5-3}$$

其中,L 是蛋白质长度;L_{share} 是两个结构中共享或者被称作配对的氨基酸残基的数量;d_i 是两个结构进行结构对齐(structure alignment)后,第 i 对匹配氨基酸残基间的距离;d_0 是一个归一化项,作用是确保 TM-Score 的值位于区间(0,1]。

通常来说,与实验得到的真实结构相比,具有较高 TM-Score 的预测结构更准确。此外,当 TM-Score 的值大于 0.5 时,就认为预测结构具有与相应真实蛋白质结构相同的拓扑。

5.3 结果与讨论

5.3.1 框架简介

先对 SAMF 这一蛋白质折叠框架的整体进行简单介绍,之后再对其组成部分逐一详细展开。图 5-1 是 SAMF 的总体流程图,可以看到,SAMF 是由封装和抽象良好的多个模块组成的,通过迭代优化的方式,接受蛋白质残基间距离和转角等几何信息的预测作为输入的约束条件,最终输出相应蛋白质的折叠结构。输入和输出在图 5-1 中使用黄色矩形表示。

在图 5-1 中,由黑色箭头连接的蓝色模块将在 SAMF 的整个优化过程中迭代式地重复执行。与之相对应地,由红色箭头连接的红色模块则需要使用前一次迭代生成的中间结果作为额外的输入,在下一次迭代之前执行,并将执行结果作为下一次迭代的输入供后续运算参考。

第 5 章　基于深度学习的蛋白质折叠框架

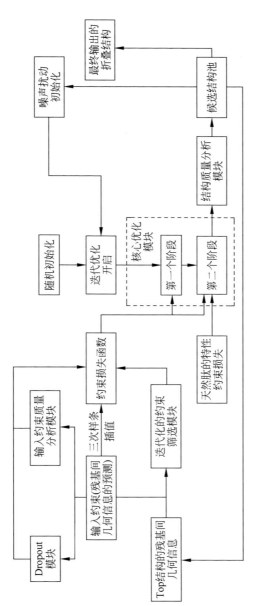

图 5-1　SAMF 的模块化结构（见文前彩图）

SAMF 的核心折叠过程是一个由两个阶段的梯度下降过程组成的模块，在图 5-1 中用虚线框标出。这个模块同时考虑到输入的蛋白质残基间距离和转角的约束及天然肽固有的一些生物物理性质和几何限制，将目标蛋白质主链中的 C_α 原子的坐标作为变量，通过最小化人为定义的平滑损失函数逐渐优化蛋白质的结构。除核心模块外，SAMF 的其他模块旨在提供相关帮助信息，这些信息将会使整个框架更好地工作。

SAMF 的一个亮点就是其模块化的设计与实现。这可以方便用户轻松地删改、添加相应的自定义功能，从而结合自己的需求定制最适合自己的蛋白质折叠框架。例如，微软亚洲研究院的王童博士等将处理片段库信息的模块连接到 SAMF 上用以添加新的构象约束，在通过对本研究设计的损失函数进行简单修改后，他们的自有框架将指导 SAMF 生成特点稍有不同的结构。

5.3.2 对输入约束的处理

本研究设置了一个专门的系统来处理输入的蛋白质残基间距离和转角约束。正如上文中提到的那样，这些约束信息是来自诸如 trRosetta 等程序的预测结果，因此，该系统旨在处理这些输入约束中广泛存在的潜在冲突和冗余。该系统包含三个部分，其中两个用于输入数据的预处理，一个以自适应的方式选取输入数据。

蛋白质残基间的距离和转角实际上是对同一蛋白质结构的不同描述。就像同一个三角形的边长和角度一样，三角形可以由一个顶角及其两个邻边确定，这意味着剩余数据是冗余的。会带来问题的情况是：如果冗余信息之间存在潜在冲突，例如，两边夹一角确定的三角形，其对边长度与输入的约束信息中对边的数据不一致。在这种情况下，哪些数据更可信，以及原三角形的真实形状是什么，就成为一个很难精确解决但是必须要做出相应估计的问题。

对于所有用于预测蛋白质残基间距离和转角的算法和程序，无论其功能多么强大，都无法做出和真实情况完全相同的精确预测，也即预测结果之间必然存在很多潜在的冲突，而且这些冲突会造成不同位置原始冗余水平的不平衡。更进一步地，输入约束中存在的潜在冲突将导致核心模块在优化时对同一位置的优化方向存在不同进而导致偏差，而不同位置冗余程度的失衡又将引入不同的优化权重，进而导致算法的失败及生成结构的失真。

受常用的深度学习技术 Dropout(Srivastava et al.,2014)的启发,本研究在这一系统中设置的第一个部分就是随机掩码。Dropout 在深度神经网络的训练过程中随机关闭一定比例的神经元,之后在使用训练好的网络做推断的时候重组这些神经元以形成一个网络的系综,通过这样的手段来缓解深度神经网络训练中遇到的过拟合问题。

在每次迭代优化之前,通过随机生成的二进制 0/1 掩码随机删除 30% 的输入约束(对蛋白质残基间距离和不同的转角都做这样的处理),在核心优化过程中仅保留剩余的 70% 约束信息。通过随机掩码的处理方式,在 CASP12 验证集上,SAMF 的折叠准确性有所提高,平均 TM-Score 上涨约 0.015。在每次迭代中,随机掩码对不同的约束类型会有不同的随机移除(例如,同一残基对,距离约束被保留的同时,某类转角约束有可能被移除),这种方式可以缓解结构描述视角之间的冲突。

另外,对于相同类型的约束,随机掩码的使用将使不同的优化迭代中的核心模块使用不同的约束部分(一个极端但可以说明问题的例子是,第一轮迭代中,核心模块使用的距离约束可能为前 70%,第二轮可能是中间 70%,在第三轮中使用的距离约束可能是最后的 70%,它们彼此不同),这使得最终生成的结构成为满足输入约束描述的几种可能结构的一个系综,从而带来折叠准确性的提高。

在这一系统中设置的第二部分是预测置信度掩码。置信度掩码用于直接评估所有残基对的输入约束(其他程序对相应几何关系的预测)的可靠性。目前,蛋白质残基间几何信息预测的主流格式是针对离散化区间的概率分布。对这些预测的分布而言,其中一些是比较准确的,另一些则不那么准确,后者往往会带来上文提到的潜在冲突。因此,识别精确的预测并通过给予较大的权重来强调这些约束,同时识别糟糕的预测并调低其权重以达到抑制其在结构优化过程中的作用,往往可以对蛋白质结构的折叠有很大帮助。

通过大量的案例分析发现那些准确的预测通常呈现为一个尖锐的概率分布,具有一个明显的峰值。与之相对应地,那些不太准确的预测结果往往呈现为一个平坦的概率分布,也即分布在不同距离区间的概率值大小较为均匀。图 5-2 展示了两个这样的例子。

针对这样的情况,本研究设计了一个简单的全连接网络,该网络利用多个描述性特征刻画输入的残基间距离约束具体对应的概率分布情况,之后回归地评估每个位置距离预测的置信度。

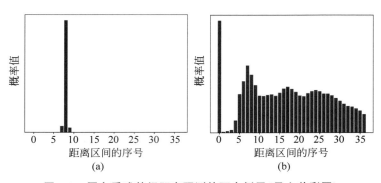

图 5-2 蛋白质残基间距离预测的两个例子(见文前彩图)
(a)一个精确预测的距离概率分布,可以看到其具有非常尖锐的峰值;(b)一个不精确预测的距离概率分布,整个分布的形状非常平坦
图中真实距离所在的区间以红色标出

本研究使用的回归网络具有四层,分别具有 64、128、32、1 个节点,并以整流线性单元(ReLU)和 Sigmoid 函数分别作为这些层的激活函数。本研究使用的针对概率分布的描述性特征共有 9 个维度,分别是:①残基对的序列间隔;②使用目标蛋白质的序列长度归一化后的残基对序列间隔;③分布中的最大概率值;④分布中最大概率值所对应的距离(使用对应距离区间的中值表示);⑤分布的最大概率值与最小概率值之差;⑥分布中最大概率值与其左边邻接概率值之间的差;⑦分布中最大概率值与其右边邻接概率值之间的差;⑧分布中最大概率值与其中的第二大概率值之差;⑨分布中最大概率值对应的距离与其中的第二大概率值对应的距离之差(仍然使用对应距离区间的中值表示)。

本研究对所有位置距离预测置信度标签的设置,即其可靠性的定义为:对于一个残基对,①如果该位置的预测概率分布中大于 20 Å 对应的概率大于 0.9,查看其真实距离,若真实距离也大于 20 Å,则这个位置的置信度等于 1,对于真实距离小于 20 Å 的,置信度得分等于 0;②如果该位置的预测概率分布中大于 20 Å 的概率小于 0.9,则在去除这一概率值之后重新归一化剩余距离的预测概率分布,并通过相应距离区间的中值计算该位置距离的期望值。

之后计算期望值与该位置真实距离的绝对误差,如果差异大于 10 Å,则置信度等于 0,否则,置信度用如下方法计算:

$$1.0 - \frac{|E - G|}{10.0} \tag{5-4}$$

其中，E 表示根据预测概率分布计算的该位置距离的期望值，G 表示该位置的真实距离大小。

如表 5-1 所示，在本研究中，使用 ProFold 在 CASP12 训练集上的距离预测结果对网络进行训练，训练好的网络在 CASP12 验证集上的平均绝对误差（mean absolute error，MAE）为 0.258。之后，又使用来自 trRosetta 和 ProFold 对 CASP13 FM 独立测试集上的预测进行测试，相应的 MAE 分别为 0.276 和 0.230。这些结果表明训练得到的置信度掩码网络没有发生过拟合，其模型表现相对比较鲁棒。此外，SAMF 的模块化结构为那些了解自己使用的输入约束的情况的用户提供了使用他们自己预设的置信度生成方式的可能与便利。

表 5-1 置信度掩码预测网络的模型表现

	验证集	测试集 1	测试集 2
数据来源	20% CASP12 FM 蛋白	CASP13 FM 蛋白	CASP13 FM 蛋白
使用的预测程序	ProFold	trRosetta	ProFold
模型表现（MAE）	0.258	0.276	0.230

消除不同输入预测的潜在冲突及平衡不同位置的冗余差异的最直接有效的方法应该是直接将输入的预测与相应的真实情况进行比较，将偏离真实情况过大的那些预测剔除，只保留相对较为准确的预测，之后再用这些预测约束目标蛋白质的折叠。但是，这个方法几乎没有实用性，因为在实际的预测应用中，目标蛋白质的晶体结构通常无法获得。

考虑到本研究开发的蛋白质折叠框架是以迭代优化的方式产生蛋白质的折叠结构，因此，一个自然的想法便是，可以使用迭代过程的中间结果代替上文中的真实结构，即用这些中间结果的相应值对输入约束进行筛选。因此，从这样一个动机出发，引入了 SAMF 的约束处理系统的第三部分，即自适应约束过滤掩码。

第三部分起作用的一个先决条件是：与输入约束相比，这些迭代过程的中间结果必须在某种程度上与真实结构有较强的相似性。为了验证这一点，计算了 CASP13 FM 独立测试集中 2 062 944 个残基对的真实几何信息（距离与转角）和输入约束的差异及相应迭代产生的中间结果的残基对几何信息和输入约束的差异之间的相关性。

如图 5-3 所示，在两个差异之间，距离的皮尔逊相关系数为 0.655，转角 ω 和 θ 的皮尔逊相关系数分别为 0.626 和 0.689，它们都呈现比较强的正相关性。这一初步探索的结果是令人鼓舞的。之后,在迭代优化的过程中,在除首轮迭代以外的每一轮迭代之前,都使用上一轮优化产生的中间结果,将输入的距离和转角约束中那些与中间结果的差异大于 9 Å(对于角度来说是 9°)的剔除,相关参数是通过在 CASP12 训练集上的交叉验证实验得到的,称其为自适应约束过滤掩码。

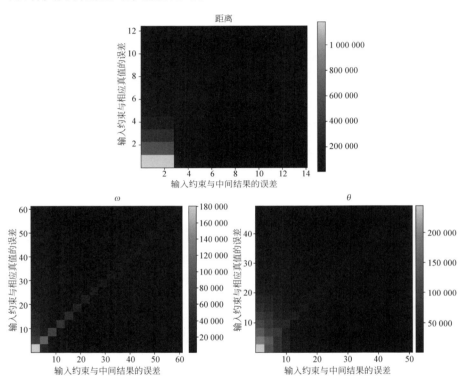

图 5-3　距离和转角差异的频率统计热图(见文前彩图)

自适应约束过滤掩码和上文介绍的随机掩码一样,是一种二进制 0/1 掩码,用于剔除某些可信度极低的输入预测约束。在实际操作中,深度排序学习系统(将会在下文中详细介绍)将在每轮迭代优化结束后,从候选结构池中挑选出排名最高的 5 个结构(被认为是折叠最好的结构)。之后,SAMF 会计算这 5 个结构的所有残基对之间的距离和转角并取平均值备用。

对于距离的自适应约束过滤掩码的定义为:① 对于在距离区间 [4 Å,20 Å] 内概率之和小于 0.05 的位置,其掩码将直接设置为 1;② 对于剩余位置，概率分布将在去除多余概率后重新归一化，之后使用每个距离区间的中值计算这个位置的距离期望值。将这个期望值作为输入距离约束的等效真实值，与上文中提到的备用中间结果相对应的距离值做差，如果对应的绝对误差大于临界值 9 Å，则该位置的掩码将被设置为 0，否则为 1。

本研究对于 ω 和 θ 的自适应约束过滤掩码的定义类似，具体为：① 对于某一位置，若其概率分布中非接触的概率大于 0.45，则其掩码将直接设置为 1；② 对于其他位置，将对应概率分布除去非接触的概率后进行重新归一化，并且根据分布区间的中值计算相应的角度期望。将这个期望值作为输入角度约束的等效真实值与上文中提到的备用中间结果相对应的转角值做差，如果对应的绝对误差大于临界值 9°，则该位置的掩码将被设置为 0，否则为 1。本书在这里没有考虑 ϕ，因为相对于其他输入约束，它的预测对折叠过程的指导很有限。

正如之前预期的那样，真实的残基间几何信息（距离与转角）和输入约束的差异及相应迭代产生的中间结果和输入约束的差异之间的相关系数随着带有自适应约束过滤掩码的迭代优化过程的反复进行而有所改善。以蛋白质残基间距离为例，如图 5-4 所示，它们之间的相关性有了较为明显的提高（考虑到测试对象是 CASP13 FM 独立测试集中的 2 062 944 个残基对位置，相关系数的轻微提高也会带来群体相关性的较大改善）。

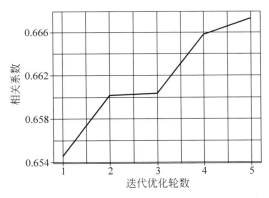

图 5-4　距离差异的皮尔逊相关系数随优化迭代而提高

更重要的是，在使用自适应约束过滤掩码进行迭代优化后，两个差异的分布相比于不使用该类型掩码的相应分布发生了很大变化。

如图 5-5 所示，可以很清楚地看到之前的离群点（包括那些用红色矩形标出的与中间结果差异很大的输入约束点和那些用橙色矩形标出的与真实几何信息差异很大的输入约束)在自适应约束过滤掩码的作用下被拉回,进而使产生的结构得到了校正,相应问题得到了一定程度的解决。

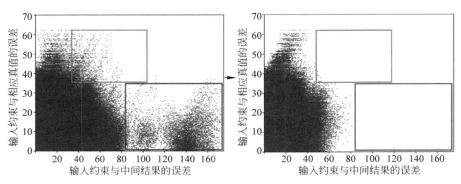

图 5-5 自适应约束过滤掩码导致距离差异的分布变化(见文前彩图)

5.3.3 核心优化模块

本节介绍 SAMF 的核心折叠系统。它包含两个阶段:第一个阶段试图优化目标结构,使其快速收敛至可以最大程度满足输入的残基间几何(距离和转角)约束的地方;第二个阶段则是针对第一个阶段的补充和调优,使产生的结构满足生物物理学上的基本性质及天然肽的几何性状。

在这个核心折叠系统模块中,蛋白质的结构由其原子坐标表示。由于蛋白质结构的链状特性,氨基酸残基主要原子的相应位置可以从该残基的 C_α 原子的位置和转向出发计算得到。可以将氨基酸想象为一个四面体,其中,侧链被抽象为一个假想的原子,因此,SAMF 的优化对象被定义为三个用于表示 C_α 原子位置的笛卡儿坐标(x,y,z)和三个用来表示 C_α 原子旋转的欧拉角坐标(α,β,γ)。在优化过程中,SAMF 采用光滑的、可微分的损失函数来衡量输入的预测约束和产生的结构之间的匹配程度及产生的结构是否符合天然肽的生物物理特性及几何特性。这样的损失函数使梯度下降算法可以快速更新上面提到的 6 个 C_α 原子坐标,从而实现对蛋白质结构的优化。

在核心折叠系统的第一阶段,SAMF 采用三次样条插值的方法将输入约束(蛋白质残基间几何信息的预测程序或者算法给出的离散概率分布)转换为连续函数。与 AlphaFold 训练一个背景模型作为参考态不同,本研究受 Dfire 程序(Zhou et al.,2002)和 trRosetta 的启发,将预测的概率分布的最后一个区间作为参考态,通过扩展的理想气体状态方程将概率值转换为

分数,然后使用得到的插值函数作为优化的损失函数,即

$$\text{Loss}_{\text{distance}} = \sum_{i,j,i \neq j} T(\text{score}_{\text{distance}}(P_{i,j}))(d_{i,j}) \quad (5\text{-}5)$$

其中,i 和 j 是相应残基的索引;P 和 d 分别代表输入的距离约束(预测距离的概率分布)和从待优化结构中计算得到的残基对 i,j 的距离;T 是三次样条插值算符。通过扩展的理想气体状态方程将概率值转换为分数的函数具体为

$$\text{score}_{\text{distance}}(P) = -\ln(p_i) + \ln\left[\left(\frac{d_i}{d_N}\right)^{\alpha} p_N\right] \quad (5\text{-}6)$$

其中,P 是输入约束(预测的距离概率分布);p 是这个概率分布的相应距离区间的特定概率值;i 是距离区间的索引,$i=1,2,\cdots,N$;α 是等于 1.57 的常数。

方向约束的损失函数与距离相似,具体为

$$\begin{aligned}\text{Loss}_{\text{orientation}} = \sum_{i,j,i \neq j} [&T_{\theta}(\text{score}_{\text{orientation}}(P^{\theta}_{i,j}))(\theta_{i,j}) + \\ &T_{\phi}(\text{score}_{\text{orientation}}(P^{\phi}_{i,j}))(\phi_{i,j}) + \\ &T_{\omega}(\text{score}_{\text{orientation}}(P^{\omega}_{i,j}))(\omega_{i,j})]\end{aligned} \quad (5\text{-}7)$$

其中,i 和 j 是相应残基的索引;P 是输入的转角约束(预测的转角概率分布);θ、ϕ 和 ω 则表示相应的从待优化的结构中计算得到的残基对 i,j 的转角;T 是三次样条插值算符。其对应的打分函数为

$$\text{score}_{\text{orientation}}(P) = -\ln(p_i) + \ln(p_M) \quad (5\text{-}8)$$

其中,P 是预测的概率分布;p 是这个概率分布的相应角度区间的特定概率值;i 是角度区间的索引,$i=1,2,\cdots,M$。

在第一个阶段,将所有残基对的损失函数相加,以得到较大的梯度下降步长,方便这一模块对目标结构进行快速优化,使之尽可能满足输入约束。这一阶段在每个迭代中将执行 6000 个优化步骤,使用 L-BFGS 算法。本研究设置了"早停"(early-stopping)机制用于节省计算资源。

如图 5-6 所示,从第一阶段产生的结构基本上会快速收敛到某种构象,和真实结构相比,这些构象一般具有正确的折叠模式(Fold),相应的 TM-Score 成绩也还不错。但是,仔细观察就会发现,这些构象具有许多局部上不符合天然肽的生物物理及几何特性的差错。因此,为了微调这些局部细节,在 SAMF 的核心折叠模块中设置了第二个优化阶段,共有 500 个额外的优化步骤。在这一步仍然设置了 early-stopping 以节省计算资源。

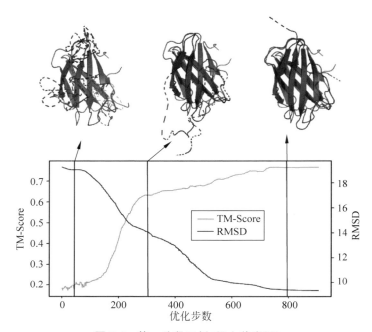

图 5-6 第一阶段示例(见文前彩图)

SAMF 的核心折叠模块由两个阶段组成,第一阶段使目标蛋白质结构迅速收敛到约束条件附近,其使用了 early-stopping 的机制,导致这个例子在大约 900 个优化步之后就停止。选取了三个典型的结构快照,其中蓝色表示真实的蛋白质晶体结构,红色表示第一阶段优化过程中的中间结构

除在第一阶段中考虑的针对输入约束的损失函数以外,第二阶段的损失函数还包含天然肽的基本特性,具体为:①相邻 C_α 原子对的距离应在 3.8 Å 左右(此项的形式为平均绝对误差,MAE);②任何 C_α 原子对的距离应小于 $(i-j) \times 1.1 \times 3.8$ Å,其中 i 和 j 为相应的氨基酸残基序号,1.1 为在验证集中调出的放缩系数(此项的形式为 MAE 的四次方);③肽键,也即相邻 C—N 原子对的距离应约为 1.32 Å(此项的形式为 MAE 的平方);④相邻 O—N 原子的距离应约为 2.8 Å(此项的形式为 MAE);⑤相邻 O—C_α 原子的距离应约为 2.69 Å(此项的形式为 MAE);⑥任意两个原子组成的原子对,其质心之间的距离应大于其半径的总和(此项的形式为 MAE)。

在核心折叠模块的第二阶段,SAMF 将所有残基对的损失平均,以获得较小的梯度下降步长,从而达到对结构微调的作用。如图 5-7 所示,蓝色的结构是通过第一阶段优化生成的,而紫色的结构是在蓝色结构的基础上通过第二阶段优化微调得到的。显而易见,第二阶段试图使第一阶段生成的结构满足天然肽的一些基本特性,从而达到更好的折叠效果,这其中包括但不限于:将断裂的链进行修复(图 5-7 中断裂的链用虚线表示);将不合理的二级结构修复;将整体结构给予合理化修复。

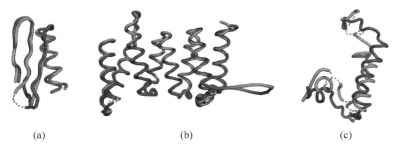

图 5-7　第二阶段的修正作用(见文前彩图)

图中,蓝色的结构是通过第一阶段优化生成的,而紫色的结构是通过第二阶段优化微调得到的相应结构。在图(a)中,第二阶段的微调成功地将断裂的链(蓝色的虚线)进行修复;在图(b)中,第二阶段的微调虽然没有将断链修复,但是成功地将不合理的二级结构(最右下角甩出来的蓝色部分)进行了修复;而在图(c)中,第二阶段的微调则将整体结构修复(断链和不合理的二级结构)

5.3.4　折叠质量分析模块

随着计算设备的发展,目前大多数蛋白质折叠框架都会在一次运算中并行生成多个结构,通过这样的方式避免某些随机过程对折叠的影响,从而产生更准确的预测结构。SAMF 也有相同的性质,在每次优化迭代之后,SAMF 会产生一个包含 50 个候选结构的构象池(结构数量是一个可调的参数)。那么问题来了,如何在没有相关真实的蛋白质晶体结构做参考的情况下,从这么多结构候选中最终选出最接近晶体结构的那个候选呢?这是一个蛋白质折叠结构的质量分析问题,在实际应用中会非常重要。

传统的蛋白质结构质量评估手段通常基于对结构能量的计算,也即通过直接评估蛋白质结构所具有的能量大小判断其合理性,最终选择具有最佳合理性得分(也即能量最小)的结构作为最终输出。这类方法的代表性软件是著名的 ProQ3(Uziela et al.,2016)及其更新版本 ProQ4(Hurtado et al.,2018)。但是,这些方法与蛋白质结构的优化过程脱钩,并且忽略了生成的结构之间相互的比较信息。因此，本研究试图在 SAMF 中添加一个可以改善上述问题的折叠质量分析模块。

考虑到上面提到的结构优化过程及结构之间相互比较的最直接、最简单的方法就是使用优化过程中的损失函数值（SAMF 核心折叠模块中第二阶段的损失函数，包含对输入约束满足程度的评估及相应生物物理合理性的评估）直接对相应结构的 TM-Score 值进行回归并比较。我们尝试了这样的方法，此外，还应用了"排序学习"（learning-to-rank）的方式，试图通过优化过程中的损失函数值作为比较依据，建立一套行之有效的排序系统。

对于蛋白质结构评价系统与排序学习，可以这样抽象：如果将目标蛋白质作为查询对象，将最终生成的结构的不同优化损失作为文档，并使用它们对应的 TM-Score 值作为相关性标签，那么结构排名问题就转化为信息检索（information retrieval，IR）领域中的文档查询问题，可以非常方便地使用 learning-to-rank 系列算法中一些成熟的技术加以处理（Liu，2009）。

在 SAMF 中，本研究使用了被广泛用于 IR、自然语言处理（natural language processing，NLP）、数据挖掘（data mining，DM）等多个领域的两两比较的架构 RankNet（Burges et al.，2005）和 LambdaRank（Burges，2010；Burges et al.，2006）来解决生成结构的排序问题。二者在基础架构上十分相似，具体如图 5-8 所示。

为了更准确、公平地比较上文中提到的三个模型（回归模型、RankNet 模型及 LambdaRank 模型）的优劣，在本研究中，它们的打分网络都被赋予了相同的架构。具体来说，打分网络都是四层全连接结构，每层的大小分别为 128、64、32 和 1，ELU 被用作打分网络中各层的激活函数，网络还采用了 L2 正则化。这三个模型都在 CASP12 FM 蛋白质训练集上进行了训练，之后在 CASP13 FM 独立测试集上进行了测试。

对于回归模型，其损失函数就简单定义为回归得分与真实 TM-Score 之间的 MSE。对于本质为两两比较的 RankNet 模型，根据对应的 TM-Score 值，则项 i 排在项 j 前面的真实概率可以定义为

$$\overline{P}_{i,j} = \frac{1}{2}(1 + Y_{i,j}) \qquad (5\text{-}9)$$

$$Y_{i,j} = \max(-1, \min(1, \eta(y_i - y_j))) \qquad (5\text{-}10)$$

其中，y 是对应的 TM-Score 值，η 是一个可调的参数（η 在本研究中被设置为 4）。与之相对的，根据其打分网络评估后的得分，项 i 排在项 j 前面的概

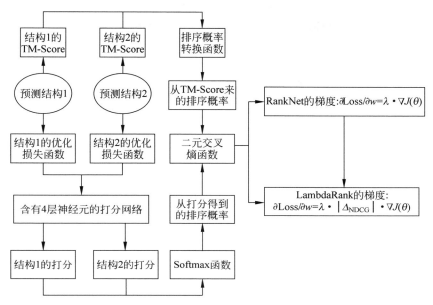

图 5-8 深度排序模型的组成结构

RankNet 和 LambdaRank 的本质都是通过成对比较从而进行排名。RankNet 的训练损失是一般的二进制交叉熵损失,而 LambdaRank 在优化过程中会直接将非平滑不可导的评价指标 NDCG 添加到上述二进制交叉熵损失的梯度中以达到对其直接优化的效果

率可以用一个 Sigmoid 函数定义,即

$$P_{i,j} = \frac{1}{1+e^{-\sigma(S_i-S_j)}} \tag{5-11}$$

其中,S 是由打分网络计算出的相应分数,σ 是一个可调的参数(在本研究中 σ 被设置为1)。那么,RankNet 的损失函数可以被定义为二进制的交叉熵函数,具体为

$$\text{Loss} = \sum_t \sum_{i,j,i \neq j} -\overline{P}_{i,j} \log P_{i,j} - (1-\overline{P}_{i,j}) \log(1-P_{i,j}) \tag{5-12}$$

其中,t 代表查询索引。

根据上面的描述,对于要优化的参数,这里用 w_k 表示,其偏导数为

$$\begin{aligned}\frac{\partial \text{Loss}}{\partial w_k} &= \sigma \left[\frac{1}{2}(1-Y_{i,j}) - \frac{1}{1+e^{-\sigma(S_i-S_j)}}\right] \left(\frac{\partial S_i}{\partial w_k} - \frac{\partial S_j}{\partial w_k}\right) \\ &= \lambda_{i,j} \left(\frac{\partial S_i}{\partial w_k} - \frac{\partial S_j}{\partial w_k}\right)\end{aligned} \tag{5-13}$$

这里定义了一个运算符 λ，通过这个 λ 的帮助，梯度可以直接被计算而无须知道原始损失函数。这也是之后 LambdaRank 模型的基础。

如图 5-8 所示，LambdaRank 模型在优化过程中直接添加了具体的优化指标 NDCG @ 50（详细介绍请参考本章第二部分）。这是一个无法求导的非平滑函数。对于 LambdaRank 模型，运算符 λ 就可以直接修改为

$$\lambda_{i,j} = \sigma \left[\frac{1}{2}(1-Y_{i,j}) - \frac{1}{1+e^{-\sigma(S_i-S_j)}} \right] |\Delta_{\text{NDCG}}| \quad (5-14)$$

其中，$|\Delta_{\text{NDCG}}|$ 是更改项目 i 和 j 的顺序后 NDCG @ 50 的绝对差。

除了上文中提到的回归模型、RankNet 及 LambdaRank 模型，还尝试了将后两种方法做一个简单的系综，以期进一步提高其排序能力。如表 5-2 所示，在分析比较这四种"排序学习"方法的性能（也即排序后的 NDCG@50 表现及排序后 Top 1 结构与真实结构之间比较的 TM-Score 值）后，不难发现这些方法各自的优劣。

表 5-2 "排序学习"模型性能比较

排序模型名称	NDCG@50	TM-Score
简单回归	0.713	0.580
RankNet	0.778	0.629
LambdaRank	0.799	0.632
RankNet 和 LambdaRank 组成的简单系综	0.801	0.646

简单的回归模型在 NDCG @ 50 和 TM-Score 两项指标上的表现都是最差的。这种现象出现的主要原因可能是在 SAMF 的核心折叠模块后，各个候选结构对应的损失函数值与其 TM-Score 之间没有直接相关性或者其含有的信息不足以表征 TM-Score，而强迫性的训练会导致回归网络过度拟合。

RankNet 模型和 LambdaRank 模型的性能在两项指标中都比简单的回归模型要好很多，其中，LambdaRank 模型略好于 RankNet 模型（NDCG @ 50 为 0.799 对 0.778，TM-Score 为 0.632 对 0.629）。正如图 5-8 中所展示的那样，与 RankNet 模型相比，LambdaRank 模型尝试直接在评价指标 NDCG @ 50 上对打分网络进行优化，将不可导的非平滑函数直接加入相应的梯度，从而带来了性能上的进一步提升。RankNet 模型和

LambdaRank 模型的简单系综可以获得相对单一模型更好的性能，NDCG@50 的数值达到了 0.801，TM-Score 则达到了 0.646。

5.3.5 迭代间的重启模块

正如上文提到的那样，SAMF 以迭代的方式优化目标蛋白质的结构。在每次迭代优化的开始阶段，SAMF 的输入约束处理系统将根据上一轮迭代结果处理输入的约束数据。那么，重新启动下一轮优化迭代时应该选择什么样的初始化结构呢？看起来最简单直接、最有效的方法似乎是使用那些在上一轮迭代后排序最高的蛋白质结构。

但是，无论 SAMF 的蛋白质折叠质量分析系统的排序结果多么精确，在没有真实的晶体结构做参照的情况下，其一定存在或多或少的误差。如果真的直接使用那些排序最高的结构作为重启迭代的初始结构，这也许会造成优化方向的持续偏差。此外，在我们实验中观察到，一般来说，SAMF 的核心折叠模块进行一轮完整的结构优化后，相关目标蛋白质的折叠情况就已经收敛，对这些结构的持续优化很难对其有改善作用。

那么，如何避免在优化方向上的持续偏差，以及如何保持迭代优化有效性的可持续，就成为本研究需要解决的一个重要问题。受近年来在自动调整深度神经网络架构（Auto ML）研究中应用比较广泛的 AmoebaNet 的启发，本研究采用了一种类似遗传算法的噪声重启方式，以在重启时既保证优化的有效性，又保留结构的多样性。

SAMF 的重启系统包含两种策略，随机初始化和噪声重启。随机初始化通过从随机采样的主链二面角推断相关原子的位置坐标来确定下一轮迭代优化的初始结构。这种从二面角到原子坐标的构建方法可以防止原子在空间位置上的冲突和蛋白质链的打结。噪声重启在优化对象上引入了高斯扰动，即在由随机挑选的上一轮迭代生成的高排序结构的基础上，给 C_α 原子的笛卡儿坐标 (x,y,z) 添加 σ 等于 0.5 的高斯随机，同时给 C_α 原子的欧拉角坐标 (α,β,γ) 添加 σ 等于 30 的高斯随机。

本研究在 CASP12 训练集上进行了不同策略比例的探索及相关验证，发现随机初始化和噪声重启的比率为 2∶8 时，SAMF 的折叠性能最好，如图 5-9 所示。在这样的重启机制下，SAMF 在 CASP13 FM 独立测试集上的最终折叠性能提高了约 0.03。

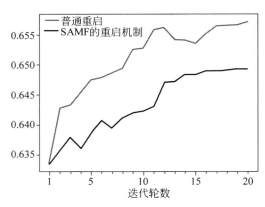

图 5-9　SAMF 重启机制带来的性能增益

5.3.6　折叠性能的评估

在本研究中,为了公平地评估 SAMF 折叠框架的折叠性能,首先使用 CASP13 独立测试集对 SAMF 与 MinMover(著名的 trRosetta 所使用的折叠方式)的折叠性能进行比较性评估。在比较中,使用了完全相同的 trRosetta 生成的残基间距离和转角预测作为输入约束。其中,trRosetta 所使用的多序列比对是由程序 DeepMSA(Zhang C et al.,2020)生成的。

如图 5-10 所示,SAMF 和 MinMover 在 CASP13 FM 蛋白质和 CASP13TBM 蛋白质上的总体折叠性能基本相同。在 CASP13 FM 蛋白质上,对于折叠得到的 Top 1 结构和 Top 5 结构,SAMF 和 MinMover 的平均 TMScore 几乎相同。对于 CASP13 TBM 蛋白质来说,SAMF 在 Top 1 结构和 Top 5

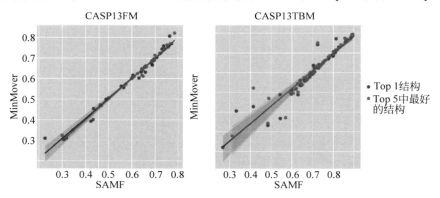

图 5-10　SAMF 和 MinMover 之间的成对比较(见文前彩图)

结构上的性能相较于 MinMover 稍差,但是 TM-Score 的平均差值不超过 0.01,总体仍然处于同一水平上。这个比较结果还揭示了一个结论,那就是即使不使用成熟的能量函数,仅基于几乎纯粹的机器学习相关技术,蛋白质折叠框架的性能也可以达到和以前的方法一样好的水平。

此外,SAMF 所使用的相关深度学习技术是有频繁迭代更新的。如果使用更加强有力的新技术,同时结合一些传统的成熟的能量函数,再根据用户的需求定制化一些特殊的强化功能模块,SAMF 的性能还会有大幅度的提升。这无疑说明了 SAMF 在未来的巨大潜力。

蛋白质折叠框架的表现受输入预测约束的准确性影响较大。在后续评估中,使用来自 ProFold(Ju et al.,2020)的蛋白质残基间距离和转角的预测作为输入约束,SAMF 的折叠表现可以达到与当时国际上最先进的蛋白质结构预测算法相比同等甚至更高的水平。

本研究在 CASP 13 蛋白质上比较了 SAMF 与 GDFold、AlphaFold、Zhang-Server、RaptorX-Contact 和 BAKER-ROSETTA-Server 生成的 Top 1 结构。除此之外,为了保证比较的无偏性,还在 CAMEO-hard 蛋白质集上与 GDFold、RaptorX-Contact、ROBETTA、SPARKS-X30 和 HHPred31 进行了比较。

如图 5-11 所示,对于 CASP13 FM 蛋白质和 CAMEO-hard 蛋白质而言,使用 ProFold 预测的残基间距离和转角作为输入约束的 SAMF 超越了所有其他方法。但与此同时,SAMF 在 CASP13 TBM 蛋白质上的折叠表

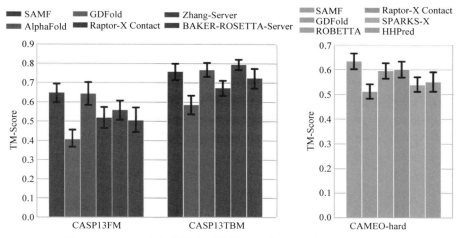

图 5-11 SAMF 和其他蛋白质结构预测方法的比较(见文前彩图)

现稍弱。例如,SAMF 和最佳方法 Zhang-Server 的平均 TM-Score 对比为 0.759 对 0.797。造成这种现象的主要原因可能是,TBM 蛋白质由于其特性,相应的结构模板可以被比较容易地找到,而传统的技术具有完善的方法可以利用这些结构模板对其预测进行指导。无论如何,这些结果进一步说明了 SAMF 的优良适用性。

5.4 小 结

本研究设计并实现了一个全新的完全基于深度学习技术的蛋白质折叠框架 SAMF。对于输入的蛋白质残基间的几何约束,SAMF 采用新的思路与方法,模块化地尝试平衡输入的冗余,消除约束的冲突,之后将其转化为连续可微的损失函数,并以自适应的方式迭代地优化目标蛋白质的结构。

不同于以往的研究利用复杂且成熟的能量函数进行蛋白质的折叠和候选结构的质量分析,SAMF 的所有组件都是基于深度学习技术实现的。为了充分提取和利用产生的候选结构之间的关系并结合其折叠过程中损失函数的性质,SAMF 引入了深度排序学习算法(learning-to-rank)。在独立测试集上的比较评估结果证明了 SAMF 较为出色的折叠性能。同时,向 SAMF 输入更为精确的残基间几何信息的预测后,SAMF 产生的目标蛋白质结构将会更加逼近真实结构,这也说明了在这个领域中,SAMF 的潜力与应用前景巨大。

值得注意的是,在 SAMF 核心优化模块的第一个阶段中,对于序列较长的蛋白质,可以观察到,一旦初始状态的选择不合适,对于某些特殊的位置,几乎所有优化方法都将落入其局部最小值而难以继续优化。仔细分析及进行对比实验之后,认为这种现象主要是由于那些大蛋白质的很多残基对的距离远大于 20 Å。对于这些残基对,其样条插值后的约束损失函数在大于 20 Å 的部分常常变为一条水平线(即常数,梯度为零)。但是这些函数的其他部分却具有易于优化的形状。为了缓解这一问题,本研究提出并测试了一种被称为拖拽操作(dragging)的想法,这个操作是用户可选的,默认为关闭状态。

此方法将上文中提到的样条插值后的约束损失函数的水平区域从常数 b 修改为 $ax+b$,其中 $a>0$,并在优化过程中迫使这些处于水平区域中的点逐渐接近方便优化的区域。从上面的叙述中可以想到,这种方法应该仅适用距离预测小于 20 Å 且置信度很高的目标残基对。之后,这些关键位置的残基对将在优化过程中拖动其相邻区域的残基运动。

然而,在一系列实验中,观察到拖拽操作的有效性受到损失函数的曲线形状、全局极小值及与邻近残基的相互作用强度等的影响。因此,设计一种有效并且鲁棒的拖拽函数以缓解在折叠过程中遇到的零梯度效应还需要进一步的细致研究。

总的来说,SAMF 是使用主流的深度学习技术实现的,具有模块化和可扩展化设计与实现的蛋白质折叠框架,这使得 SAMF 易于使用,并且可以根据用户需求使用其定制的约束损失形式及功能模块。在未来,SAMF 将提供精确的侧链描述方式,并将折叠过程实现为全原子水平。SAMF 将会全部开源并且组建相关的开发社区,欢迎来自全世界的其他研究者共同参与。

第 6 章　总结与展望

6.1　研究内容总结

随着人类对生命科学的探索不断深入，蛋白质结构变得越来越重要。同时，随着计算科学，尤其是机器学习和深度学习的发展，以及相关硬件水平的不断提高，以生物信息学手段为主的蛋白质结构预测逐渐成为可能。在过去十多年中，蛋白质结构预测算法取得了长足的发展，其中最有代表性的方法之一就是针对蛋白质残基间接触及距离等几何信息的预测，并以此来减少蛋白质构象空间的搜索或者直接优化蛋白质的结构。

本书系统介绍了在这个方向上的三个工作，分别针对上文提到的三个步骤，也即对蛋白质残基接触的预测、蛋白质残基间距离的预测及通过预测的几何信息来约束蛋白质结构优化。

在本研究的第一阶段，探索了深度学习在蛋白质残基接触预测上的应用。通过层级化的网络架构将深度信念网络与深度残差神经网络相结合，实现并训练了针对蛋白质残基接触预测的升级程序 DeepConPred2。其中，相关方法的升级与优化引入了很多从结构生物学及深度学习技术方面的新颖思考。例如，在深度网络训练的损失函数中，调整了正样本和负样本的权重，从而有效解决了样本数据不平衡引起的训练问题，进而大大降低了最终预测的残基接触图谱中的噪声水平。这样的想法并未在之前的蛋白质残基接触预测方法中被提到过。再如，在 DeepConPred2 的第二个模块中，与传统的采用统一的模型对短程、中程和远程残基接触进行预测的其他方法不同，本研究针对不同类型的残基接触预测分别开发了专门的深度信念网络模型。在严格的测试中，发现相比于之前，DeepConPred2 表现出显著的性能改善和运行时间的减少。同时，在对 CASP12 FM 蛋白质目标进行测试时，DeepConPred2 可以达到与当时全世界最前沿的残基接触预测器相同的预测精度。同时，在分析中发现，DeepConPred2 可以在残基接触辅助蛋白质折叠的过程中提供其他预测方法所不能提供的互补信息。

在本研究的第二阶段，研究方向转为对蛋白质残基间实值距离的预测。尽管在上面，通过改进接触预测取得了一些进展，但我们认为，基于残基接触的结构预测已逐渐达到其性能上限。领域内的其他方法一致地将实值距离预测简化为多类分类问题，本书提出了一种基于回归的距离预测方法，该方法采用生成对抗网络捕捉残基对之间微妙的几何关系，从而可以较好地预测连续的实值距离。此外，本研究还引入了诸多对距离预测有效果的新思路和新技术。在和著名的蛋白质折叠程序 CNS 套件结合在一起之后，使用本研究预测的残基间距离约束生成的蛋白质结构的精确度达到了同时期国际顶尖水平。此外，本研究的另外一个特性是，虽然在训练网络时主要使用细胞质溶液中的可溶性蛋白质进行训练，但是该方法具有较为强大的泛化性，这使得相应模型可以在不经过任何迁移学习过程的情况下直接对膜蛋白质的结构做出令人满意的预测。

在本研究的第三阶段，着重开发了一款几乎完全基于深度学习思路与技术的蛋白质折叠框架。基于梯度下降的蛋白质折叠在目前来说是一种流行的蛋白质结构预测方法，它以预测得到的残基间距离等必要的几何约束条件作为输入，构建损失函数以衡量当前结构与输入约束的差距，最后通过最小化这些损失函数以折叠目标蛋白质的结构。然而，来自预测的蛋白质残基间的几何性质会存在不同程度的冗余及相互的冲突，这些都会使优化过程陷入局部极小，降低折叠效率甚至行为失常。为了解决这些问题，开发了一个自适应的蛋白质折叠框架，以迭代的方式折叠蛋白质结构。在这个框架中，设计了一些模块用于消除约束冗余，解决约束冲突，使折叠质量与合理性都有了一定的提高。此外，本研究引入了信息索引领域中著名的排序学习算法，构建深度质量分析系统以对框架产生的多个候选结构排序并提取最佳结构。本研究设计并实施的折叠框架不需要大量复杂的先验领域知识，也不需要借助复杂成熟的统计势能，采用模块化的结构，方便用户定制和扩展。在测试中，随着输入约束质量的不断提高，此折叠框架的性能也不断增强。

6.2 未来工作展望

蛋白质结构预测的不同应用场景对相应预测精度的下限有一定要求，一般来说，预测方法在严格的独立测试中表现越好，其应用面就越广泛。根据 David Baker 等 2001 年在 *Science* 上的总结（Baker and Sali, 2001），低分辨率电镜解析结构电子云密度图的填充、基于结构相似性的蛋白质功能关系的探究、由保守氨基酸构成的表面结构块的确定及根据三维模体搜寻的蛋白质功能位点的查找等应用,对于长度约为 80 个残基的蛋白质来说,其预测精度需要达到 4~8 Å。对于设计嵌合蛋白质及相应晶体结构的稳定变种、进行支持单位点氨基酸的突变试验及对核磁共振解析结构的调优和细化等应用,则需要预测精度在 3.5 Å 左右。对于蛋白质大分子结构的对接、计算机辅助的小分子配体筛选和对接,以及确定抗体的相应抗原决定簇等应用,则需要蛋白质结构预测的精度达到 1.5 Å 左右。最后,对于一些对蛋白质结构精确度要求极高的应用,比如利用结构探究蛋白质的酶催机制等,就需要实验解析的蛋白质结构或者预测误差不超过 1 Å 的预测结构以开启后续的探索。

正如上文中提到的那样,更广泛的应用场景需要蛋白质结构预测方法具有更高的预测精度和鲁棒性。因此,继续优化本书中阐述的方法、引入新的思路和技术,使其在计算资源消耗不变甚至更少的情况下达到更强的性能,是今后需要研究的一个重要方向。同时,优化程序的抽象与结构,增强其易用性,使其输入与输出可以顺利兼容这个领域的其他主流格式,为构建这个领域的开发者社区做出贡献,也是亟需努力的方向。

值得注意的是,在 2020 年的 CASP14 比赛中,Google 公司 DeepMind 团队开发的全新蛋白质结构预测程序 AlphaFold2 大放异彩,在全部目标蛋白质的预测结果的得分中位数为 92.4。这个结果意味着除极个别目标蛋白质外,对于其余大多数蛋白质的预测结果,AlphaFold2 已经达到了真实结构的误差水平,可以执行上文中提到的全部应用。目前 AlphaFold2 的技术细节及相关论文都尚未发表,但是从其作者的公开讲演中可以略知一二。AlphaFold2 的关键性技术可能有三维等变性的 Transformer 架构(Vaswani et al.,2017)的应用及端到端(end-to-end)网络与训练的设计等。这些新的方法与思路是非常值得学习和借鉴的,尤其端到端的训练可以在本书的蛋白质残基间实值距离预测的基础上很方便地展开。

此外,现行的所有蛋白质结构预测方法都需要用到从多序列比对(MSA)中提取的共进化信息,包括 AlphaFold2 也是这样。正如在第 1 章中介绍的那样,MSA 其实反映的是序列进化的一种过程式的结果。这就相当于大自然在漫长的生物演化过程中在不停地做突变实验,我们只是将这些实验结果的相关信息抽提用于预测蛋白质的结构。然而,按照 Anfinsen 法则及后续的生物学研究,蛋白质的结构信息应该已经完全包含在其序列信息中了。既然这种信息的映射在自然界中存在，那么通过现行的计算科学手段去逼近及模拟它也是将来十分重要的研究方向。

前面几点都是针对静态的，从蛋白质序列到结构的预测角度对本书后续研究的展望。从动态来说，蛋白质的折叠机理问题其实是生命科学领域中更为核心的根本性问题。从核糖体翻译出来的延展状态的肽链是如何自发地，或者在分子伴侣的帮助下避开无数种可能的错误折叠结构，迅速达到其生理结构的呢？是否可以通过计算的手段、通过深度神经网络的加持，找到一些可能的路径，进而启发结构生物学家或者直接将这一问题解决呢？这也是本书后续的一个重要展望。此外，对于本书的其他展望则集中在相关方法的副产品或者本书所述研究内容的应用，诸如蛋白质设计等上。

6.2.1 对抗式生成网络的优化与应用

结合本书所阐述方法的缺陷，后续的研究可以采用 cycleGAN（Jun-Yan et al.，2017）架构。cycleGAN 是一个由两套 GAN 首尾连接组成的深度网络训练系统。对于特征集 X 到标签集 Y 的映射，cycleGAN 的正向部分会构建一个生成器为从 X 到 Y 的函数 $f(x)$ 的 GAN_1，同时为了解决一部分 X 中的数据 x 在 Y 中没有对应标签的问题（反之亦然），cycleGAN 还拥有一个独立的 GAN_2 作为其反向部分，其生成器为一个从 Y 到 X 的函数 $g(y)$。两个 GAN 拥有彼此独立的判别器用于辅助各自生成器的学习、训练，以期达到的结果为 f 和 g 互为反函数，也即

$$x = g(f(x)) \tag{6-1}$$

选择这样的架构的核心原因有两个。一是正如第 1 章中所描述的那样，目前人类积累的蛋白质序列数据的数据量和结构数据的数据量存在严重的不呈正比的情况，这种很多样本没有真实标签的数据集很适合使用 cycleGAN 的架构来进行学习；二是 cycleGAN 通过首尾相接的方式用反向的 GAN 辅助正向 GAN 的学习，可以获得更好的预测性能，此外，反向的 GAN 所学习的内容是从蛋白质结构到蛋白质序列的映射，结合 GAN 中随机过程的使用，这个副产物便是一个很不错的蛋白质设计的尝试，后续可以通过一些实验测试这个小型的蛋白质设计器的具体效果。

对于生成器网络架构的选择，单纯的 ResNet 在这个领域的探索已经积累了很多数据，可以考虑使用 RegNet、ResNest 或者 SCNet 等抽象与表征能力更强的架构。此外，结合蛋白质序列的顺序性（即氨基酸的排布），应该考虑将循环神经网络以一定的方式添加在网络架构中，这方面，格里菲斯

大学周耀旗教授团队的工作 SPOT-Contact(Hanson et al.,2018)使用了 LSTM,其方法可以作为很好的参考。

从输入特征来看,目前 MSA 还是最重要的输入信息来源。结合密歇根大学张阳教授团队开发的 DeepMSA(Zhang C et al.,2020),将宏基因组数据整合应用是必不可少的。此外,对于 MSA 不再使用第三方程序处理,因为这种处理机会消耗大量计算资源,又会导致信息的丢失。以我们的经验来看,MSA 数据中应该包含了所有有效信息。从输出结果来看,以后的程序应该不仅能预测残基间的距离,也能预测残基间转角;不仅能预测实值结果,也应该要预测离散的概率分布。因为这些输出结果的本质是对同一种蛋白质结构从不同的出发点进行描述,共享主体的多任务神经网络可以很好地处理这样的需求。这些丰富的结果不仅可以彼此提高预测准确度,还可以有备无患,在以后需要用到的时候直接取用。

本书介绍的工作都是对氨基酸残基的 C_β 原子间的距离进行预测,但是,在后面使用梯度下降等方法进行蛋白质结构优化的时候,感到 C_α 原子间的距离更为自然和重要。因此,后续的研究方向应该是直接预测 C_α 原子的距离图谱。在 GAN 网络的预测过程中,希望尽量保留随机过程与因素,这样可以得到一系列不同的结构预测,可以考虑使用 learning-to-rank 打分排序,根据不同的需求选择合适的预测结果。同时,在有构象变化的蛋白质上,还可探索这样的方式是否能找到该蛋白质的不同生理构象。

6.2.2 蛋白质折叠框架的调优与适配

本书第 5 章所阐述的工作有三个地方可以在后续的研究中提高和改进。

一是目前使用的输入约束是对蛋白质结构几何描述(残基间距离和转角)的概率分布预测。在本书阐述的蛋白质折叠框架 SAMF 中,这些输入的离散概率分布先是通过三次样条插值转化为连续函数,再转化为优化过程中的损失函数。那么对于另外两种预测形式,即残基接触预测和残基间距离的实值预测,SAMF 也应该提供相应的损失函数转化方式。对残基接触预测来说,一种可行的方案是使用二值交叉熵作为其转化方式;对于残基间距离的实值预测,则可以使用均方误差 MSE 等作为转化方式。但是实际的效果与最终转化方式的调优等都需要大量的实验得出结论。

二是优化坐标的选取。本书阐述的 SAMF 选择了以 C_α 原子为中心的六维混合坐标系(也即三个笛卡儿坐标表示对应残基的位置,三个欧拉角坐标表示其旋转角度）。还有很多其他的优化坐标可供选择，其中比较有名的有内坐标（Conway et al.，2014；Koslover and Wales，2007）。使用不同的优化坐标表示方式是否会对 SAMF 的性能提升带来帮助，这也是后续研究需要探究的问题。

三是具有结构意义的输入约束筛选。如上文所述，输入约束是对蛋白质结构几何描述（残基间距离和转角）的预测，因此输入约束之间不可避免地存在冲突和冗余。本书阐述的 SAMF 应用了大量通过深度学习技术的输入约束筛选手段，取得了一定的成绩。但是理想的、也许会更加有效的手段是结合蛋白质结构及分子的能量函数去做筛选。在后续的研究中，可以结合 Rosetta 的能量函数，使用遗传算法或者强化学习算法，结合最终折叠结果和真实蛋白质结构，改进输入约束的筛选方法。

6.2.3 基于距离的端到端训练

端到端（end-to-end）的训练方式是理想的深度神经网络训练方式。本书中介绍的工作都是基于距离的端到端模式的其中一部分，是在研究积累没有达到一定水平情况下的无奈妥协。近年来，有研究者提出了一种基于蛋白质残基间二面角的端到端的预测蛋白质结构的模型（AlQuraishi，2019），这种方法在当时非常新颖，但其模型表现似乎不尽人意。在 2020 年的 CASP14 比赛中，Google 公司 DeepMind 团队时隔两年再次推出了他们的蛋白质结构预测算法 AlphaFold2，虽然相关的技术细节还没有彻底公开，但是通过其开发者的报告与讲演，可以确定端到端的训练方法是其模型表现取得惊人进步的关键因素之一。

本书的第 4 章阐述了使用 GAN 对蛋白质残基间实值距离进行预测的方法，在本节的开头也介绍了后续研究的开展方向。当拿到更好的实值距离预测结果时，只要构建一个连续可导的从距离到结构的函数即可搭建基于距离的端到端训练方法的最后一环。实际上，龚海鹏教授已经对这个问题有了成熟的解决思路，在他的指导下，笔者和微软的一些合作者已经在通过解方程组来应用点增长法的解决方案上有了一些尝试。这也是本书后续研究的一个方向。

6.2.4 不依赖多序列比对的结构预测

Anfinsen 法则提示我们，蛋白质的结构信息完全包含在其序列信息中。因此，蛋白质结构预测的完美状态应该是只从单一的目标序列出发，不需要用到序列比对的信息就能获得其结构。为什么我们没有这么做呢？要想实现这样的不依赖多序列比对的结构预测，有哪些可能的探索方向呢？

没有只依靠目标蛋白质氨基酸序列信息的原因，目前人类对氨基酸的理解深度不够，无法提出足够表征氨基酸特性的合理计算机编码（embedding）方式。蛋白质结构预测领域现行的氨基酸编码方式是 one-hot 类型的，也即以总的氨基酸种类数（20 种）作为零向量的长度，对应该氨基酸编号的位置用 1 表示。这种编码方式是结构预测领域发展早期受计算科学影响的历史遗留，忽略了氨基酸彼此之间的异同与个性，过于粗糙。

事实上，合理地来说，保留大量对应信息的氨基酸编码是实现不依赖多序列比对的蛋白质结构预测的重要手段，尤其是当相应氨基酸编码结合了大量蛋白质结构信息的时候。早期有研究人员结合氨基酸的理化性质，如酸碱性及亲疏水性等来编码氨基酸，尽管有一定效果，但是成绩并不突出。近年来，随着深度学习技术的飞速发展，氨基酸编码成为这个领域重要的研究方向，不仅吸引了诸多学术小组，还吸引了一些企业对其进行研究。这个方向也是本书后续的发展方向之一。此外，可以借鉴其他小组的研究思路及研究结果，对本节最开始"对抗生成网络的优化与应用"中提到的后续研究产生一定的帮助作用。

6.2.5 对蛋白质折叠机制方面的探索

目前，蛋白质结构预测领域的所有方法都是确定性的，这对探究和理解蛋白质折叠机理的帮助非常有限。在经过核糖体翻译后，伸展状态的肽会自发地或在分子伴侣的帮助下以动态的方式折叠成正确的三维结构。这个过程可以用我们做运动时手臂（抽象成三个氨基酸残基及两个肽键）的摆动举例说明，即我们的手臂不知道下一个姿势的确切角度是多少，但知道下一个动作是稍微打开手肘还是关闭手肘。与之类似，在原子间势能及其他因素的作用下，当前的蛋白质构象也应该知道如何调整以逐渐靠近其生理构象。

学习这个动态过程，或者说学习根据当前的构象及所拥有的信息以做出结构调整的策略，是十分困难的，但绝非不可能。在蛋白质结构预测领域，研究者使用现有的特征可以大概预测蛋白质的结构，这说明从这些特征到结构的确定性映射是存在的，也即以这个映射为基础构建蛋白质的折叠行为模式是可行的。强化学习技术近年来随着深度学习的革新及计算资源的爆发式增长而备受瞩目。通过强大的强化学习技术，在本书的后续研究中，可以尝试构建这样一个蛋白质动态折叠系统。蛋白质折叠是一个全信息游戏，和围棋一样（即游戏的所有信息对游戏者的行为模式及决策而言都是可见的，如围棋棋盘上落子的情况）。全信息游戏在强化学习这个领域已经有了长足的发展，技术和应用都相对成熟。

6.2.6 蛋白质设计的尝试

研究者早在20世纪80年代就开始注意蛋白质设计的问题。以现在的眼光来看，蛋白质设计和蛋白质结构预测实际上是彼此相通、联系紧密的同一问题的两个不同方向。这个核心问题就是蛋白质序列与蛋白质功能（结构）的联系与映射，蛋白质结构预测是从序列推测结构，蛋白质设计则需要从功能出发，寻找可能的氨基酸序列。二者相辅相成，在诸多领域，如生物材料的研发、特定催化功能的蛋白酶的设计、生物传感器等，都有极高的研究和应用价值。

有研究者曾使用GAN对图像的修补技术来对蛋白质结构中缺失部分进行补全(Anand and Huang, 2018)，这是一个蛋白质设计方面很有意思的探索。正如本节前面"对抗生成网络的优化与应用中"提到的那样，本书的后续研究中，使用cycleGAN可以得到很好的从蛋白质结构信息到氨基酸序列的生成网络。对这个网络进行一系列计算上的测试和验证之后，可以考虑进行一些生物合成实验以进一步验证其设计效果。

第7章 其他工作

7.1 使用混合专家模型的残基接触预测

混合专家模型(mixture of experts model,MoE)是指在针对不平衡的训练数据集时,训练多个小的神经网络专门重点针对训练数据集中存在较大差异的不同部分,之后通过一个信息整合模块来综合这些网络的预测结果,以得到最终输出的网络架构。这些小的神经网络被叫作"专家"。根据机器学习理论基石中对输入的"独立同分布"(independent identical distribution,IID)的要求,当训练数据集不平衡时(同时意味着模型训练结束后,测试集中的数据也会大概率出现相同的不平衡现象),单个神经网络往往不擅长处理这样的情况,即在一部分数据上表现很好,而在其他数据上犯错较多。这时引入混合专家模型就能较好地解决类似的问题,因为系统中的每个专家都会擅长于一个特定的数据区域,多个专家就可实现数据集的覆盖。实际上,随着数据集规模的增大,混合专家模型的表现会有进一步提高。

在蛋白质残基接触预测的工作中,本研究初步探索了依据不同蛋白质折叠类型进行分类的混合专家模型。其中,训练数据集被分类为 α、β、$\alpha+\beta$、α/β 及无规则这 5 个类别,分别构建 5 个神经网络来对其进行学习。在训练的开始,先使用单个类别的训练数据对这 5 个神经网络进行预训练,之后使用没有分类的全部训练数据对整个网络架构进行训练。具体为,构建简单的分类网络作为数据管理网络(managing net)用以判断当前输入应该主要交给哪一个专家处理,即使用 softmax 之后给出对应 5 个专家针对此例的可靠度权重。当前输入流经全部 5 个专家得到其对应的预测后,使用此可靠度权重对其预测加权以得到最终的预测结果。在梯度的反向传播中,如果某专家(神经网络)的可靠度权重较小,那么对应地,该专家的回传梯度值也较小,该专家只需为当前误差承担较小的责任,因此也只需要微小地调整其参数,反之亦然。同样地,数据管理网络也会在梯度的反向传播中更新参数以修正自己的行为,其可大致理解为,若某专家针对此例误差小,数据管理网络就要增大对其可靠度的判断,给其较大权重,反之亦然。

受限于当时的代码优化及训练设备等原因,该工作的表现并未达到本书第 3 章中阐述工作的水平,但这并不能作为混合专家模型对这个领域没有帮助的证明。正如上文所介绍的那样,该工作提出的架构中至少包含了 6 个神经网络(5 个专家及 1 个数据管理网络),在没有模型并行优化的情况下,每个网络的复杂度都远低于本书第 3 章阐述的工作。因此,在后续的研究中,尤其是本书第 6 章所展望的未来方向中,混合专家模型仍不失为一个重要的探索方向。

7.2 对现有模型的初步扩增

在实验室之前的工作 AmoebaContact(Wenzhi Mao, 2020)的基础上,本研究使用模型并行的方法对网络架构进行了初步的扩增。

深度学习的并行训练主要分为数据并行(data parallelism)和模型并行(model parallelism)两大类。数据并行主要是为了解决海量训练数据导致的训练时间过长的问题。在训练时开辟多个计算节点(通常为 GPU,称作 worker)和参数服务器(称为 parameter server),每个节点中都保存有一个完整的网络模型,不同的批量(batch)数据在各自的计算节点上完成向前的流动和向后的梯度计算,待所有的计算节点都完成了梯度计算之后,将梯度汇总在参数服务器处,由参数服务器负责模型参数的更新调整及复制到各个计算节点的工作。

模型并行则主要是针对复杂度超高、参数超多、运算需要的内存(显存)空间超大的情况。深度神经网络的训练其实主要是大规模的矩阵运算,在计算时,这些矩阵都临时性被存储在内存中。一般来说,网络的参数越多、模型越复杂,其性能就越出色,因此,高性能的网络模型往往都是由初始网络经过加深加宽的"模型扩增"之后得到的。在扩增的时候,往往会遇到网络模型大到单张计算显卡的显存无法承载的地步,此时就需要把这样的超大网络拆分为不同的部分,分别放在不同的算卡上优化更新。

实验室之前针对蛋白质残基接触的工作 AmoebaContact 使用了网络架构搜索的深度学习技术,搜索到了适合该问题的特异性网络架构,但这也导致了初始网络的复杂度过高、扩增难度大的问题。该工作对 AmoebaContact 的模型扩增做了初步探索,成功实现了针对两块算卡的模型并行及相应的分布式训练,扩增效果显著。后续更为详细复杂的扩增实验由邢耀光等继续完成,届时,相应的模型表现、适用范围等都会有所提高。

参 考 文 献

ABADI M, AGARWAL A, BARHAM P, et al., 2016. TensorFlow: large-scale machine learning on heterogeneous distributed systems arXiv. 19 pp.

ABRIATA L A, TAMO G E, DAL PERARO M, 2019. A further leap of improvement in tertiary structure prediction in CASP13 prompts new routes for future assessments. Proteins-Structure Function and Bioinformatics, 87, 1100-1112.

ADHIKARI B, BHATTACHARYA D, CAO R, et al., 2015. CONFOLD: Residue-residue contact-guided ab initio protein folding. Proteins-Structure Function and Bioinformatics, 83, 1436-1449.

ADHIKARI B, CHENG J L, 2018a. CONFOLD2: improved contact-driven ab initio protein structure modeling. BMC Bioinformatics 19.

ADHIKARI B, HOU J, CHENG J, 2018b. DNCON2: improved protein contact prediction using two-level deep convolutional neural networks. Bioinformatics, 34, 1466-1472.

ALQURAISHI M, 2019. End-to-end differentiable learning of protein structure. Cell Systems 8, 292-304.

ALTSCHUL S F, GISH W, MILLER W, et al., 1990. Basic local alignment search tool. Journal of Molecular Biology, 215, 403-410.

ALTSCHUL S F, MADDEN T L, SCHAFFER A A, et al., 1997. Gapped BLAST and PSI-BLAST: a new generation of protein database search programs. Nucleic Acids Research, 25, 3389-3402.

ANAND N, HUANG P -S, 2018. Generative modeling for protein structures. Advances in Neural Information Processing Systems, 31.

ANFINSEN C B, 1973. Principles that govern folding of protein chains. Science, 181, 223-230.

ANFINSEN C B, HABER E, SELA M, et al., 1961. Kinetics of formation of native ribonuclease during oxidation of reduced polypeptide chain. Proceedings of the National Academy of Sciences of the United States of America, 47, 1309-1315.

BAI X -C, MCMULLAN G, SCHERES S H W, 2015. How cryo-EM is revolutionizing structural biology. Trends in Biochemical Sciences, 40, 49-57.

BAKER D, SALI A, 2001. Protein structure prediction and structural genomics. Science, 294, 93-96.

BATEMAN A, MARTIN M J, O'DONOVAN C, et al., 2017. UniProt: the universal protein knowledgebase. Nucleic Acids Research, 45, D158-D169.

BEN-SASSON A J, WATSON J L, SHEFFLER W, et al., 2021. Design of biologically active binary protein 2D materials. Nature, 589, 468-473.

BENGIO Y,COURVILLE A, VINCENT P, 2013. Representation learning: A review and new perspectives. Ieee Transactions on Pattern Analysis and Machine Intelligence 35,1798-1828.

BERMAN H M,WESTBROOK J,FENG Z,et al.,2000. The protein data bank. Nucleic Acids Research,28,235-242.

BERRERA M,MOLINARI H, FOGOLARI F, 2003. Amino acid empirical contact energy definitions for fold recognition in the space of contact maps. BMC Bioinformatics,4.

BOULCH A,2018. Reducing parameter number in residual networks by sharing weights. Pattern Recognition Letters,103,53-59.

BOWIE J U,EISENBERG D,1994. An evolutionary approach to folding small alpha-helical proteins that uses sequence information and an empirical guiding fitness function. Proceedings of the National Academy of Sciences of the United States of America,91,4436-4440.

BOWIE J U,LUTHY R,EISENBERG D,1991. A method to identify protein sequences that fold into a known 3-dimensional structure. Science,253,164-170.

BREIMAN L,1996. Bagging predictors. Machine Learning,24,123-140.

BREIMAN L,2001. Random forests. Machine Learning,45,5-32.

BROCK A,LIM T,RITCHIE J M,et al.,2016. Neural photo editing with introspective adversarial networks arXiv. 10 pp.

BRUNGER A T,2007. Version 1. 2 of the Crystallography and NMR system. Nature Protocols,2,2728-2733.

BRUNGER A T,ADAMS P D,CLORE G M,et al., 1998. Crystallography & NMR system: A new software suite for macromolecular structure determination. Acta Crystallographica Section D-Biological Crystallography,54,905-921.

BURGES C J C,2010. From RankNet to LambdaRank to LambdaMART: An overview. Technical Report MSR-TR-2010-82,Microsoft Research.

BURGES C,RAGNO R,LE Q,2006. Learning to rank with non-smooth cost functions. Advances in Neural Information Processing Systems,18.

CAO L,GORESHNIK I, COVENTRY B,et al., 2020. De novo design of picomolar SARS-CoV-2 miniprotein inhibitors. Science,370,426-438.

CHANDONIA J -M,FOX N K, BRENNER S E, 2017. SCOPe: Manual curation and artifact removal in the structural classification of proteins - extended database. Journal of Molecular Biology,429,348-355.

CHEN T,GUESTRIN C,ASSOC COMP M,2016. XGBoost: A scalable tree Boosting system. Kdd'16: Proceedings of the 22nd AcmSigkdd International Conference on Knowledge Discovery and Data Mining,785-794.

CHOTHIA C,LESK A M,1986. The relation between the divergence of sequence and structure in proteins. Embo Journal,5,823-826.

BUR G C,Shaked T,Renshaw E,et al.,2005. Learning to rank using gradient descent. Proceedings of the 22nd international conference on Machine learning.

CIRESAN D,MEIER U,SCHMIDHUBER J,et al.,2012. Multi-column deep neural networks for image classification. Paper presented at: IEEE Conference on Computer Vision and Pattern Recognition (Providence,RI).

CONWAY P,TYKA M D,DIMAIO F,et al.,2014. Relaxation of backbone bond geometry improves protein energy landscape modeling. Protein Science,23,47-55.

DAS R,BAKER D,2008. Macromolecular modeling with Rosetta. Annual Review of Biochemistry,77,363-382.

DAVID MENE'NDEZ HURTADO K U a A E,2018. Deep transfer learning in the assessment of the quality of protein models. arXiv: 180406281.

DILL K A,MACCALLUM J L,2012. The protein-folding problem,50 years on. Science, 338,1042-1046.

DING W,GONG H,2020. Predicting the real-valued inter-residue distances for proteins. Advanced Science,7.

DU T,BOURDEV L,FERGUS R,et al.,2015. Learning spatiotemporal features with 3D convolutional networks. Paper presented at: IEEE International Conference on Computer Vision (Santiago,CHILE).

EKEBERG M,LOVKVIST C,LAN Y H,et al.,2013. Improved contact prediction in proteins: Using pseudolikelihoods to infer Potts models. Phys Rev E,87,16.

FARISELLI P,OLMEA O,VALENCIA A,et al.,2001. Prediction of contact maps with neural networks and correlated mutations. Protein Engineering,14,835-843.

FISCHER A,IGEL C,2014. Training restricted Boltzmann machines: An introduction. Pattern Recognition,47,25-39.

FISER A,SALI A,2003. MODELLER: Generation and refinement of homology-based protein structure models. Macromolecular Crystallography,374,461-491.

FOX N K,BRENNER S E,CHANDONIA J -M,2014. SCOPe: Structural classification of proteins-extended,integrating SCOP and ASTRAL data and classification of new structures. Nucleic Acids Research,42,D304-D309.

GOODFELLOW I,POUGET-ABADIE J,MIRZA M,et al.,2020. Generative adversarial networks. Communications of the Acm,63,139-144.

GOODFELLOW I J,POUGET-ABADIE J, MIRZA M, et al., 2014. Generative adversarial nets. Advances in Neural Information Processing Systems,27.

GRONT D,KULP D W,VERNON R M,et al.,2011. Generalized fragment picking in Rosetta: Design,protocols and applications. PLoS One,6.

HANG Z,CHONGRUO W, ZHONGYUE Z, et al., 2020. ResNeSt: Split-attention networks arXiv. 22 pp.

HANSON J,PALIWAL K,LITFIN T, et al., 2018. Accurate prediction of protein contact maps by coupling residual two-dimensional bidirectional long short-term memory with convolutional neural networks. Bioinformatics,34,4039-4045.

HE K,ZHANG X,REN S, et al., 2015. Spatial pyramid pooling in deep convolutional networks for visual recognition. Ieee Transactions on Pattern Analysis and Machine Intelligence,37,1904-1916.

HE K,ZHANG X,REN S, et al.,2016a. Identity mappings in deep residual networks. Computer Vision - Eccv 2016,Pt Iv,9908,630-645.

HE K,ZHANG X,REN S, et al.,2016b. Deep residual learning for image recognition. Paper presented at: 2016 IEEE Conference on Computer Vision and Pattern Recognition (Seattle,WA).

HEFFERNAN R,YANG Y,PALIWAL K,et al.,2017. Capturing non-local interactions by long short-term memory bidirectional recurrent neural networks for improving prediction of protein secondary structure, backbone angles, contact numbers and solvent accessibility. Bioinformatics,33,2842-2849.

HINTON G E,OSINDERO S,TEH Y -W, 2006. A fast learning algorithm for deep belief nets. Neural Computation,18,1527-1554.

HINTON G E, SALAKHUTDINOV R R,2006. Reducing the dimensionality of data with neural networks. Science,313,504-507.

HOCHREITER S, SCHMIDHUBER J, 1997. Long short-term memory. Neural Computation,9,1735-1780.

HUBEL D H,WIESEL T N,1962. Receptive fields, binocular interaction and functional architecture in cat's visual cortex. Journal of Physiology-London,160,106-112.

ISOLA P,ZHU J -Y,ZHOU T,et al.,2017. Image-to-image translation with conditional adversarial networks. Paper presented at: 30th IEEE/CVF Conference on Computer Vision and Pattern Recognition (Honolulu,HI).

JONES D T,BUCHAN D W A,COZZETTO D,et al.,2012. PSICOV: precise structural contact prediction using sparse inverse covariance estimation on large multiple sequence alignments. Bioinformatics,28,184-190.

JONES D T,SINGH T, KOSCIOLEK T, et al., 2015. MetaPSICOV: combining coevolution methods for accurate prediction of contacts and long range hydrogen bonding in proteins. Bioinformatics,31,999-1006.

JOTHI A.,2012. Principles, Challenges and advances in ab initio protein structure prediction. Protein and Peptide Letters 19,1194-1204.

JU F,ZHU J,SHAO B,et al.,2020. CopulaNet: Learning residue co-evolution directly from multiple sequence alignment for protein structure prediction. bioRxiv, 2020. 2010. 2006. 327585.

JUN-YAN Z,TAESUNG P,ISOLA P,et al.,2017. Unpaired image-to-image translation using cycle-consistent adversarial networks. arXiv. 18 pp.

JUN X,HANG L,2007. AdaRank: a boosting algorithm for information retrieval. 30th Annual International ACM SIGIR Conference on Research and Development in Information Retrieval,391-398.

KACZANOWSKI S,ZIELENKIEWICZ P,2010. Why similar protein sequences encode similar three-dimensional structures? Theoretical Chemistry Accounts,125,643-650.

KAELLBERG M,MARGARYAN G,WANG S,et al.,2014. RaptorX server: A resource for template-based protein structure modeling. Protein Structure Prediction, 3rd Edition,1137,17-27.

KAELLBERG M,WANG H,WANG S, et al.,2012. Template-based protein structure modeling using the RaptorX web server. Nature Protocols,7,1511-1522.

KALCHBRENNER N,GREFENSTETTE E, BLUNSOM P, 2014. A convolutional neural network for modelling sentences. Proceedings of the 52nd Annual Meeting of the Association for Computational Linguistics,1,655-665.

KAMISETTY H,OVCHINNIKOV S, BAKER D, 2013. Assessing the utility of coevolution-based residue-residue contact predictions in a sequence- and structure-rich era. Proceedings of the National Academy of Sciences of the United States of America,110,15674-15679.

KARPATHY A,TODERICI G,SHETTY S,et al.,2014. Large-scale video classification with convolutional neural networks. 27th IEEE Conference on Computer Vision and Pattern Recognition (Columbus,OH).

KEARNS M,VALIANT L, 1994. Cryptographic limitations on learning boolean-formulas and finite automata. Journal of the Acm,41,67-95.

KHARE S D,WHITEHEAD T A,2015. Introduction to the Rosetta special collection. PLoS One,10.

KOSLOVER E F,WALES D J,2007. Geometry optimization for peptides and proteins: Comparison of Cartesian and internal coordinates. Journal of Chemical Physics,127.

KOZMA D,SIMON I,TUSNADY G E,2013. PDBTM: Protein data bank of transmembrane proteins after 8 years. Nucleic Acids Research,41,D524-D529.

KRYSHTAFOVYCH A,SCHWEDE T, TOPF M, et al., 2019. Critical assessment of methods of protein structure prediction (CASP)-Round XIII. Proteins-Structure Function and Bioinformatics,87,1011-1020.

LAN L,YOU L,ZHANG Z, et al., 2020. Generative adversarial networks and its applications in biomedical informatics. Frontiers in Public Health,8.

LE ROUX N,BENGIO Y,2008. Representational power of restricted Boltzmann machines and deep belief networks. Neural Computation,20,1631-1649.

LEAVER-FAY A,TYKA M,LEWIS S M,et al., 2011. Rosetta3: an object-oriented software suite for the simulation and design of macromolecules. Methods in

Enzymology,487,545-574.

LECUN Y,BENGIO Y,HINTON G,2015. Deep learning. Nature,521,436-444.

LECUN Y,BOTTOU L,BENGIO Y, et al., 1998. Gradient-based learning applied to document recognition. Proceedings of the Ieee,86,2278-2324.

LEDIG C,THEIS L, HUSZAR F, et al., 2017. Photo-realistic single image super-resolution using a generative adversarial network. 30th IEEE/CVF Conference on Computer Vision and Pattern Recognition (Honolulu,HI).

LI D,DONG Y,2014. Deep learning: Methods and applications. Foundations and Trends in Signal Processing,7,197-387.

LI X,MOONEY P,ZHENG S,et al.,2013. Electron counting and beam-induced motion correction enable near-atomic-resolution single-particle cryo-EM. Nature Methods,10,584-592.

LIU D C,NOCEDAL J, 1989. On the limited memory bfgs method for large-scale optimization. Mathematical Programming,45,503-528.

LIU W,ANGUELOV D,ERHAN D,et al.,2016. SSD: Single shot multiBox detector. computer vision - Eccv 2016,Pt I 9905,21-37.

MA J Z,WANG S,WANG Z Y,et al.,2015. Protein contact prediction by integrating joint evolutionary coupling analysis and supervised learning. Bioinformatics,31,3506-3513.

MAGNAN C N,BALDI P,2014. SSpro/ACCpro 5: almost perfect prediction of protein secondary structure and relative solvent accessibility using profiles, machine learning and structural similarity. Bioinformatics,30,2592-2597.

MAO W,DING W,XING Y,et al.,2020. AmoebaContact and GDFold as a pipeline for rapid de novo protein structure prediction. Nature Machine Intelligence,2,25-33.

MARTI-RENOM M A,STUART A C, FISER A, et al., 2000. Comparative protein structure modeling of genes and genomes. Annual Review of Biophysics and Biomolecular Structure,29,291-325.

MILLER C S,EISENBERG D, 2008. Using inferred residue contacts to distinguish between correct and incorrect protein models. Bioinformatics,24,1575-1582.

MINGXING T,LE Q V,2019. EfficientNet: Rethinking model scaling for convolutional Neural Networks. arXiv. 10 pp.

MIRNY L,DOMANY E,1996. Protein fold recognition and dynamics in the space of contact maps. Proteins-Structure Function and Genetics,26,391-410.

MORCOS F,PAGNANI A,LUNT B, et al., 2011. Direct-coupling analysis of residue coevolution captures native contacts across many protein families. Proceedings of the National Academy of Sciences of the United States of America,108,E1293-E1301.

MOULT J,FIDELIS K,KRYSHTAFOVYCH A, et al., 2016. Critical assessment of methods of protein structure prediction: Progress and new directions in round XI. Proteins-Structure Function and Bioinformatics,84,4-14.

MOULT J, FIDELIS K, KRYSHTAFOVYCH A, et al., 2018. Critical assessment of methods of protein structure prediction (CASP) Round XII. Proteins-Structure Function and Bioinformatics, 86, 7-15.

MOULT J, PEDERSEN J T, JUDSON R, et al., 1995. A large-scale experiment to assess protein-structure prediction methods. Proteins-Structure Function and Genetics, 23, R2-R4.

MUCKSTEIN U, HOFACKER I L, STADLER P F, 2002. Stochastic pairwise alignments. Bioinformatics, 18, S153-S160.

NOWOZIN S, CSEKE B, TOMIOKA R, 2016. f-GAN: Training generative neural samplers using variational divergence minimization. Advances in Neural Information Processing Systems, 29.

OVCHINNIKOV S, PARK H, KIM D E, et al., 2018. Protein structure prediction using Rosetta in CASP12. Proteins-Structure Function and Bioinformatics, 86, 113-121.

PENG J, XU J, 2011. RaptorX: Exploiting structure information for protein alignment by statistical inference. Proteins-Structure Function and Bioinformatics, 79, 161-171.

RASTEGARI M, ORDONEZ V, REDMON J, et al., 2016. XNOR-Net: ImageNet classification using binary convolutional neural networks. Computer Vision - Eccv 2016, Pt Iv 9908, 525-542.

REDMON J, DIVVALA S, GIRSHICK R, et al., 2016. You only look once: Unified, real-time object detection. 2016 IEEE Conference on Computer Vision and Pattern Recognition (Seattle, WA).

REMMERT M, BIEGERT A, HAUSER A, et al., 2012. HHblits: lightning-fast iterative protein sequence searching by HMM-HMM alignment. Nature Methods, 9, 173-175.

REN S, HE K, GIRSHICK R, et al., 2015. Faster R-CNN: Towards real-time object detection with region proposal networks. Advances in Neural Information Processing Systems, 28.

RIEPING W, HABECK M, NILGES M, 2005. Modeling errors in NOE data with a log-normal distribution improves the quality of NMR structures. Journal of the American Chemical Society, 127, 16026-16027.

ROY A, KUCUKURAL A, ZHANG Y, 2010. I-TASSER: a unified platform for automated protein structure and function prediction. Nature Protocols, 5, 725-738.

RUMELHART D E, HINTON G E, WILLIAMS R J, 1986. Learning representations by back-propagating errors. Nature, 323, 533-536.

RYCHLEWSKI L, ZHANG B H, GODZIK A, 1998. Fold and function predictions for Mycoplasma genitalium proteins. Folding & Design, 3, 229-238.

SALI A, BLUNDELL T L, 1993. Comparative protein modeling by satisfaction of spatial restraints. Journal of Molecular Biology, 234, 779-815.

SCHAARSCHMIDT J, MONASTYRSKYY B, KRYSHTAFOVYCH A, et al., 2018. Assessment of contact predictions in CASP12: Co-evolution and deep learning coming of age. Proteins-Structure Function and Bioinformatics, 86, 51-66.

SCHWEDE T, KOPP J, GUEX N, et al., 2003. SWISS-MODEL: an automated protein homology-modeling server. Nucleic Acids Research, 31, 3381-3385.

SEEMAYER S, GRUBER M, SOEDING J, 2014. CCMpred-fast and precise prediction of protein residue-residue contacts from correlated mutations. Bioinformatics, 30, 3128-3130.

SENIOR A W, EVANS R, JUMPER J, et al., 2019. Protein structure prediction using multiple deep neural networks in the 13th Critical Assessment of Protein Structure Prediction (CASP13). Proteins-Structure Function and Bioinformatics, 87, 1141-1148.

SENIOR A W, EVANS R, JUMPER J, et al., 2020. Improved protein structure prediction using potentials from deep learning. Nature, 577, 706-715.

SHELHAMER E, LONG J, DARRELL T, 2017. Fully convolutional networks for semantic segmentation. Ieee Transactions on Pattern Analysis and Machine Intelligence, 39, 640-651.

SIMONS K T, KOOPERBERG C, HUANG E, et al., 1997. Assembly of protein tertiary structures from fragments with similar local sequences using simulated annealing and Bayesian scoring functions. Journal of Molecular Biology, 268, 209-225.

SINGH R, LANCHANTIN J, SEKHON A, et al., 2017. Attend and predict: Understanding gene regulation by selective attention on chromatin. Advances in neural information processing systems, 30, 6785-6795.

SODING J, BIEGERT A, LUPAS A N, 2005. The HHpred interactive server for protein homology detection and structure prediction. Nucleic Acids Research, 33, W244-W248.

SRIVASTAVA N, HINTON G, KRIZHEVSKY A, et al., 2014. Dropout: A simple way to prevent neural networks from overfitting. Journal of Machine Learning Research, 15, 1929-1958.

SUN D, LIU S, GONG X, 2020. Review of multimer protein-protein interaction complex topology and structure prediction. Chinese Physics B, 29.

TIE-YAN L, 2009. Learning to rank for information retrieval. Foundations and Trends in Information Retrieval, 3, 225-331.

WANG T, QIAO Y H, DING W, et al., 2019. Improved fragment sampling for ab initio protein structure prediction using deep neural networks. Nature Machine IntellIgence, 1, 347-355.

UZIELA K, SHU N, WALLNER B, et al., 2016. ProQ3: Improved model quality assessments using Rosetta energy terms. Scientific Reports, 6.

VASSURA M, MARGARA L, DI LENA P, et al., 2008. Reconstruction of 3D structures from protein contact maps. IEEE-ACM Trans Comput Biol Bioinform, 5, 357-367.

Vaswani, A., Shazeer, N., Parmar N, et al., 2017. Attention Is All You Need. Advances in Neural Information Processing Systems, 30.

VEIT A, WILBER M, BELONGIE S, 2016. Residual networks behave like ensembles of relatively shallow networks. Advances in Neural Information Processing Systems, 29.

VENDRUSCOLO M, KUSSELL E, DOMANY E, 1997. Recovery of protein structure from contact maps. Folding & Design, 2, 295-306.

WALLNER B, ELOFSSON A, 2005. All are not equal: A benchmark of different homology modeling programs. Protein Science, 14, 1315-1327.

WANG C, ZHANG H, ZHENG W -M, et al., 2016. FALCON@home: a high-throughput protein structure prediction server based on remote homologue recognition. Bioinformatics, 32, 462-464.

WANG H -W, LEI J, SHI Y, 2017a. Biological cryo-electron microscopy in China. Protein Science, 26, 16-31.

WANG S, SUN S, LI Z, et al., 2017b. Accurate De Novo prediction of protein contact map by ultra-deep learning model. Plos Computational Biology, 13.

WANG S, WENG S, MA J, et al., 2015. DeepCNF-D: Predicting protein order/disorder regions by weighted deep convolutional neural fields. International Journal of Molecular Sciences, 16, 17315-17330.

WANG X, GUPTA A, 2016. Generative image modeling using style and structure adversarial networks. Computer Vision - Eccv 2016, Pt Iv 9908, 318-335.

WANG X, WANG Y, ACM, 2014. Improving content-based and hybrid music recommendation using deep learning. Proceedings of the 2014 AcmConference on Multimedia, 627-636.

WANG M, DING W, XING Y, et al., 2020. AmoebaContact and GDFold as a pipeline for rapid de novo protein structure prediction. Nature Machine IntellIgence, 2, 25-33.

WHITE F H, 1961. Regeneration of native secondary and tertiary structures by air oxidation of reduced ribonuclease. Journal of Biological Chemistry, 236, 1353-1362.

WOO S, PARK J, LEE J -Y, et al., 2018. CBAM: Convolutional Block Attention Module. Computer Vision - Eccv 2018, Pt Vii 11211, 3-19.

WU Q, BURGES C J C, SVORE K M, et al., 2010. Adapting boosting for information retrieval measures. Information Retrieval, 13, 254-270.

XIE S, GIRSHICK R, DOLLAR P, et al., 2017. Aggregated residual transformations for deep neural networks. Paper presented at: 30th IEEE/CVF Conference on Computer Vision and Pattern Recognition (Honolulu, HI).

XIONG D P, ZENG J Y, GONG H P, 2017. A deep learning framework for improving long-range residue-residue contact prediction using a hierarchical strategy. Bioinformatics, 33, 2675-2683.

XU J,2019. Distance-based protein folding powered by deep learning. Proceedings of the National Academy of Sciences of the United States of America,116,16856-16865.

YANG J,ANISHCHENKO I, PARK H, et al., 2020. Improved protein structure prediction using predicted interresidue orientations. Proceedings of the National Academy of Sciences of the United States of America,117,1496-1503.

YANG J,YAN R,ROY A, et al., 2015. The I-TASSER Suite: protein structure and function prediction. Nature Methods,12,7-8.

ZHANG C,MORTUZA S M, HE B,et al.,2018. Template-based and free modeling of I-TASSER and QUARK pipelines using predicted contact maps in CASP12. Proteins-Structure Function and Bioinformatics,86,136-151.

ZHANG C,ZHENG W,MORTUZA S M, et al., 2020. DeepMSA: constructing deep multiple sequence alignment to improve contact prediction and fold-recognition for distant-homology proteins. Bioinformatics,36,2105-2112.

ZHANG Y,2008. I-TASSER server for protein 3D structure prediction. BMC Bioinformatics, 9.

ZHENG W,LI Y,ZHANG C, et al., 2019. Deep-learning contact-map guided protein structure prediction in CASP13. Proteins-Structure Function and Bioinformatics,87, 1149-1164.

ZHOU H Y,ZHOU Y Q,2002. Distance-scaled,finite ideal-gas reference state improves structure-derived potentials of mean force for structure selection and stability prediction. Protein Science,11,2714-2726.

ZHOU Y,DUAN Y,YANG Y,et al., 2011. Trends in template/fragment-free protein structure prediction. Theoretical Chemistry Accounts,128,3-16.

ZHU J -Y,KRAEHENBUEHL P, SHECHTMAN E, et al., 2016. Generative visual manipulation on the natural image manifold. Computer Vision - Eccv 2016, Pt V 9909,597-613.

附　　录

附录 A　书中需要用到的补充数据

表 A-1　在 CASP12 FM 蛋白质上 CONFOLD 折叠结果的 RMSD 统计分析

待比较的方法	回归分析种类	待估参数	估值	下界*	上界*
DNCON2 vs. DeepConPred2	Deming	Slope	1.048	0.8920	1.205
		Intercept	0.4538	−1.151	2.059
	Passing-Bablock	Slope	0.9655	0.8128	1.210
		Intercept	1.160	−1.491	3.221
RaptorX-Contact vs. DeepConPred2	Deming	Slope	1.057	0.6839	1.430
		Intercept	−0.3495	−3.631	2.932
	Passing-Bablock	Slope	1.130	0.7558	1.501
		Intercept	−0.6599	−5.263	2.773
SPOT-Contact vs. DeepConPred2	Deming	Slope	0.9965	0.6605	1.332
		Intercept	−0.7484	−3.727	2.231
	Passing-Bablock	Slope	1.006	0.7652	1.400
		Intercept	−0.7370	−4.261	1.349

*95% 置信度。

表 A-2　在 CASP12 FM 蛋白质上 CONFOLD 折叠结果的 TM-Score 统计分析

待比较的方法	回归分析种类	待估参数	估值	下界*	上界*
DNCON2 vs. DeepConPred2	Deming	Intercept	−0.0215	−0.1207	0.0777
		Slope	0.9690	0.6430	1.2951
	Passing-Bablock	Intercept	−0.0047	−0.1314	0.0814
		Slope	0.9719	0.6712	1.3411
RaptorX-Contact vs. DeepConPred2	Deming	Intercept	−0.0315	−0.1405	0.0776
		Slope	1.1257	0.8029	1.4484
	Passing-Bablock	Intercept	−0.0288	−0.1846	0.0712
		Slope	1.1153	0.8377	1.5010

续表

待比较的方法	回归分析种类	待估参数	估值	下界*	上界*
SPOT-Contact vs. DeepConPred2	Deming	Intercept	-0.0622	-0.1646	0.0402
		Slope	1.3001	0.9574	1.6428
	Passing-Bablock	Intercept	-0.0349	-0.2635	0.0289
		Slope	1.2912	0.9582	1.9049

*95%置信度。

表 A-3 在 CASP12 FM 蛋白质上 CONFOLD 折叠结果的 GDT-TS 统计分析

待比较的方法	回归分析种类	待估参数	估值	下界*	上界*
DNCON2 vs. DeepConPred2	Deming	Intercept	-0.0145	-0.0450	0.0160
		Slope	0.9444	0.7585	1.1303
	Passing-Bablock	Intercept	-0.0121	-0.0989	0.0401
		Slope	0.9455	0.7295	1.3027
RaptorX-Contact vs. DeepConPred2	Deming	Intercept	-0.0144	-0.0448	0.0160
		Slope	1.0750	0.9152	1.2349
	Passing-Bablock	Intercept	-0.0052	-0.0692	0.0569
		Slope	1.0140	0.8214	1.2744
SPOT-Contact vs. DeepConPred2	Deming	Intercept	-0.0186	-0.0523	0.0151
		Slope	1.2103	1.0282	1.3923
	Passing-Bablock	Intercept	0.0033	-0.0740	0.0411
		Slope	1.0697	0.9305	1.3956

*95%置信度。

表 A-4 在所有 CASP12 蛋白质上 CONFOLD 折叠结果的 RMSD 统计分析

待比较的方法	回归分析种类	待估参数	估值	下界*	上界*
DNCON2 vs. DeepConPred2	Deming	Intercept	0.2742	-0.8378	1.3862
		Slope	1.0776	0.9385	1.2166
	Passing-Bablock	Intercept	1.0501	-0.6145	2.6808
		Slope	0.9671	0.8383	1.1489
RaptorX-Contact vs. DeepConPred2	Deming	Intercept	-0.2670	-1.6922	1.1582
		Slope	0.8702	0.6399	1.1005
	Passing-Bablock	Intercept	-0.2182	-2.9483	1.4242
		Slope	0.8287	0.6218	1.1074
SPOT-Contact vs. DeepConPred2	Deming	Intercept	-0.6606	-1.7225	0.4012
		Slope	0.9451	0.7835	1.1067
	Passing-Bablock	Intercept	-0.0869	-1.7249	1.0594
		Slope	0.8868	0.7218	1.0971

*95%置信度。

表 A-5　在所有 CASP12 蛋白质上 CONFOLD 折叠结果的 TM-Score 统计分析

待比较的方法	回归分析种类	待估参数	估值	下界*	上界*
DNCON2 vs. DeepConPred2	Deming	Intercept	−0.0199	−0.0863	0.0465
		Slope	0.9506	0.7388	1.1623
	Passing-Bablock	Intercept	−0.0142	−0.0934	0.0641
		Slope	0.9564	0.7490	1.1625
RaptorX-Contact vs. DeepConPred2	Deming	Intercept	−0.0077	−0.0816	0.0662
		Slope	1.1141	0.9195	1.3087
	Passing-Bablock	Intercept	0.0201	−0.0331	0.0782
		Slope	1.0371	0.8787	1.1975
SPOT-Contact vs. DeepConPred2	Deming	Intercept	−0.0212	−0.0894	0.0469
		Slope	1.2224	1.0233	1.4214
	Passing-Bablock	Intercept	0.0354	−0.0619	0.1273
		Slope	1.0388	0.8551	1.2561

*95% 置信度。

表 A-6　在所有 CASP12 蛋白质上 CONFOLD 折叠结果的 GDT-TS 统计分析

待比较的方法	回归分析种类	待估参数	估值	下界*	上界*
DNCON2 vs. DeepConPred2	Deming	Intercept	−0.0057	−0.0324	0.0209
		Slope	0.8962	0.7559	1.0364
	Passing-Bablock	Intercept	−0.0062	−0.0815	0.0383
		Slope	0.9290	0.7662	1.1372
RaptorX-Contact vs. DeepConPred2	Deming	Intercept	0.0124	−0.0518	0.0765
		Slope	1.1263	0.9088	1.3439
	Passing-Bablock	Intercept	0.0861	−0.0006	0.1662
		Slope	0.9021	0.7089	1.1099
SPOT-Contact vs. DeepConPred2	Deming	Intercept	0.0164	−0.0282	0.0610
		Slope	1.1424	0.9871	1.2976
	Passing-Bablock	Intercept	0.0485	−0.0163	0.1333
		Slope	1.0113	0.8307	1.1898

*95% 置信度。

表 A-7　14 个模型在 CASP12 数据集上的性能表现

模型编号	绝对误差							相对误差/%
	4～6 Å	6～8 Å	8～10 Å	10～12 Å	12～14 Å	14～16 Å	4～16 Å	4～16 Å
1	1.080	1.633	2.818	2.815	3.471	3.789	3.002	22.5
2	0.954	1.498	2.533	2.683	3.287	3.583	2.778	22.3
3	1.402	1.542	2.525	2.617	3.224	3.622	2.813	22.3
4	1.029	1.728	2.734	2.771	3.430	3.728	2.952	22.4
5	0.800	1.176	2.444	3.180	3.308	3.658	2.867	23.0
6	0.852	1.469	2.502	2.707	3.419	3.751	2.885	22.8
7	0.945	1.481	2.643	2.860	3.601	3.979	3.026	23.4
8	0.730	1.341	2.360	2.529	3.150	3.474	2.612	21.8
9	0.644	1.156	1.973	2.086	2.786	3.236	2.313	20.9
10	0.743	1.363	2.337	2.541	3.262	3.640	2.702	22.2
11	0.823	1.380	2.373	2.492	3.081	3.394	2.596	21.6
12	0.539	1.054	1.853	2.020	2.688	3.138	2.218	21.2
13	0.660	1.264	2.172	2.276	2.899	3.226	2.405	21.0
14	0.710	1.292	2.235	2.365	3.040	3.327	2.502	21.3

表 A-8　14 个模型在 CASP13 数据集上的性能表现

模型编号	绝对误差							相对误差/%
	4～6 Å	6～8 Å	8～10 Å	10～12 Å	12～14 Å	14～16 Å	4～16 Å	4～16 Å
1	0.989	1.478	2.200	2.201	2.735	3.205	2.509	18.0
2	1.068	1.665	2.689	2.889	3.492	3.913	3.053	23.3
3	1.357	1.384	2.071	2.119	2.578	3.136	2.412	17.8
4	1.152	1.883	2.874	2.938	3.610	4.058	3.234	23.3
5	0.886	1.176	2.400	2.899	2.921	3.173	2.611	19.7
6	0.855	1.463	2.443	2.675	3.382	3.691	2.928	19.2
7	1.063	1.473	2.747	3.064	3.714	4.099	3.212	23.8
8	0.822	1.460	2.637	2.865	3.517	3.865	2.997	23.0
9	0.770	1.400	2.367	2.517	3.114	3.569	2.685	22.0
10	0.816	1.500	2.532	2.798	3.520	3.948	3.021	23.4
11	0.929	1.496	2.579	2.729	3.336	3.725	2.903	22.8
12	0.664	1.294	2.213	2.376	3.043	3.567	2.640	19.6
13	0.626	1.254	2.213	2.338	2.967	3.466	2.554	21.9
14	0.762	1.404	2.397	2.529	3.221	3.584	2.747	22.3

表 A-9　14 个模型在膜蛋白数据集上的性能表现

模型编号	绝对误差							相对误差/%
	4～6 Å	6～8 Å	8～10 Å	10～12 Å	12～14 Å	14～16 Å	4～16 Å	4～16 Å
1	1.217	1.658	2.813	2.862	3.773	4.431	3.349	21.6
2	1.060	1.593	2.732	2.940	3.858	4.354	3.232	21.6
3	1.507	1.609	2.676	2.790	3.559	4.222	3.166	21.5
4	1.153	1.665	2.702	2.784	3.643	4.305	3.241	21.0
5	0.840	1.135	2.697	3.335	3.364	3.775	2.955	21.0
6	0.971	1.500	2.647	2.862	3.926	4.531	3.315	21.8
7	1.036	1.397	2.865	3.327	4.240	4.803	3.575	23.1
8	0.818	1.357	2.632	2.968	3.954	4.333	3.248	21.7
9	0.579	1.051	1.864	2.016	2.753	3.301	2.302	18.4
10	0.744	1.314	2.408	2.794	3.865	4.473	3.178	21.3
11	0.947	1.403	2.420	2.635	3.435	3.782	2.855	19.8
12	0.578	0.993	1.797	1.985	2.781	3.456	2.349	19.3
13	0.643	1.184	2.105	2.291	3.062	3.523	2.512	19.2
14	0.700	1.199	2.141	2.399	3.214	3.636	2.634	19.3

表 A-10　在 CASP13 上不同方法的折叠比较

	总体（42）	FM 蛋白（20）	TBM 蛋白（22）
QUARK	0.678	0.536	0.816
Zhang-Server	0.676	0.518	0.819
RaptorX-DeepModeller	0.661	0.523	0.786
GAN	0.712	0.620	0.786
	总体（38）	FM 蛋白（19）	TBM 蛋白（19）
A7D	0.702	0.633	0.771
GAN	0.703	0.630	0.775

附录 B 书中需要用到的补充图片

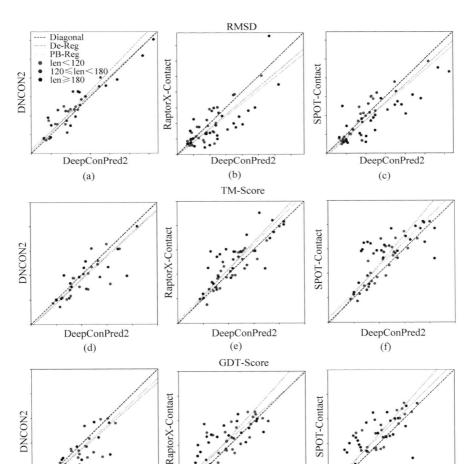

图 B-1 在所有 CASP12 蛋白质上 CONFOLD 折叠结果的成对比较（见文前彩图）
(a)~(c) 为 RMSD 的两两成对比较；(d)~(f) 为 TM-Score 的两两成对比较；(g)~(i) 为 GDT-Score 的两两成对比较。横纵坐标分别表示 DeepConPred2 与其他三种蛋白质残基接触预测程序。图中，黑色的虚线表示对角线，绿色表示 Deming 回归线，紫色表示 Passing-Bablock 回归线。每一个蛋白质用一个点表示，其中红色表示短蛋白，蓝色表示中等长度的蛋白，黑色表示长蛋白

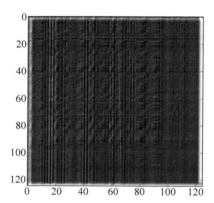

图 B-2　空间注意力机制输出权重的一个样张

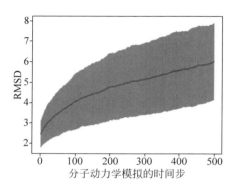

图 B-3　MD 模拟中的结构振荡（见文前彩图）

图中，橙色线代表训练集中所有蛋白质在模拟时间步长上的平均 RMSD 变化；蓝色阴影则表示每个时间步对应的 errorbar

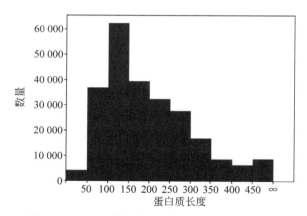

图 B-4　SCOPe 数据库中蛋白质长度的分布情况

根据统计，2.07 版本的 SCOPe 数据库中共有 243 801 个蛋白质结构域，其中 203 159 个的长度不超过 300 个氨基酸，占比为 83.3%

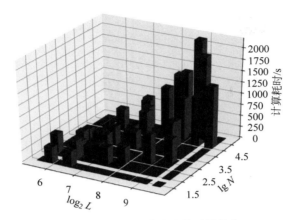

图 B-5　GAN 系统的计算时间分布

图中，L 代表目标蛋白质的长度；N 代表相应 MSA 的深度；计算耗时的统计单位为秒（s）

致 谢

首先要感谢我的父母家人，他们在我博士期间多个至暗时刻给予我无条件的信任、包容与帮助，让我重回状态、做回自己，继续在学术的伟大航路中前进。在我漫长的航行中，他们在我失去信心的时候撑起我希望的帆，在我偏离航道的时候执掌我前进的舵，在我踌躇犹豫的时候点燃指引我航向的灯塔。

在我学术的道路上，对我影响最为深远的就是我敬爱的导师龚海鹏教授。我从刚进实验室连实验室电脑上的 Linux 系统都没有接触过的状态，到现在能够做一些有意义的计算生物学及生物信息学工作，几乎是龚老师一点一滴将我培养起来的。龚老师严谨求实的学术作风、稳扎稳打的学术节奏、砥砺前行的学术品质，无一例外地对我学术性格的塑造产生了巨大的影响。龚老师对学生的要求十分严格，但是他又十分细腻，总会在适当的时候给学生鼓励，使学生继续前行。龚老师会给学生充分的自由度，无论是在课题方向上还是在学生个人的职业发展上，在学生遇到困难时，他又会尽其所能给予学生帮助。此外，龚老师在我的书面和口头表达能力的提升上，也给予了巨大的帮助。我第一次写英文论文的时候逻辑混乱、表述不清，龚老师花了一整个下午不厌其烦地给我讲述写作中需要注意的点，之后又在原文上做了详尽的修改和批注，使我短时间内就获得了巨大的进步。之后，在我博士生涯中，我每个月都会选择一篇龚老师修改批注过的英文论文稿件反复阅读、推敲。经过这样周密、严格的训练，我的写作能力较之前有了质的飞跃。韩愈说："师者，所以传道授业解惑也。"龚老师就是这样，是新时代的"四有好老师"。

感谢清华大学博士生导师张奇伟教授、薛毅研究员对我工作的精彩点评与指导；感谢澳大利亚格里菲斯大学周耀旗教授、日本东京大学 Kenta Nakai 教授等学术界前辈对我的肯定、鼓励与抬爱。

感谢实验室所有同学及已经毕业的师兄师姐对我的帮助，感谢微软亚洲研究院刘铁岩博士、邵斌博士和王童博士对我的帮助与支持，感谢所有帮助过我的人。

  感谢母校清华大学对我的栽培,校训"自强不息,厚德载物"对我影响深远,也会在我今后的生活、学习与工作中不断地敦促我不忘初心,牢记使命。清华对我的培养不仅体现在学术的成长与品性的磨炼上,还体现在其为我提供了其他各种各样的机会。在学校的帮助下,我在博士期间前往基层挂职锻炼、深入了解国计民生,带队开展博士生社会实践、现场感受大国重器,远赴欧洲奔走调研、开拓国际视野。这些活动无一不对我的人生选择、品格塑造产生了巨大的影响,让我在更了解世界的同时也更加了解自己。